烟草系列
TOBACCO

卷烟工厂设备可靠性数字化维护体系（S-RCM）构建

主　编◎虞文进　黎　勇　邵坚铭　张国平

副主编◎罗　飚　林翌臻　徐　敏　韦　伟

U0172425

华中科技大学出版社
http://press.hust.edu.cn
中国·武汉

内 容 简 介

基于以可靠性为中心的维护模式(RCM),本书针对复杂精密设备的可靠性和精益化管理,进行了深入的探索与实践,总结出了一套科学的管理方法与数字化工具,将单纯技术管理的可靠性维护模式扩展为完整的综合管理体系,结合风险控制理论提出了一整套实施方法和工具。本书还扩展了传统 RCM 的要素内涵和外延范围,构成完善的数字化的 S-RCM 管理体系。本书主要针对卷烟工业企业设备管理人员和工程技术人员,同时也兼顾了高校相关专业学生的学习设备可靠性维护体系的理论和实践。本书可作为资产管理和设备管理相关的技术人员的借鉴和参考,亦可作为高校相关专业的培养和培训教材。

图书在版编目(CIP)数据

卷烟工厂设备可靠性数字化维护体系(S-RCM)构建/虞文进等主编.—武汉:华中科技大学出版社,2023.9
ISBN 978-7-5680-9943-1

Ⅰ.①卷… Ⅱ.①虞… Ⅲ.①烟草设备-维修-体系建设 Ⅳ.①TS43

中国国家版本馆 CIP 数据核字(2023)第 177861 号

卷烟工厂设备可靠性数字化维护体系(S-RCM)构建　　虞文进　黎勇　邵坚铭　张国平　主编
Juanyan Gongchang Shebei Kekaoxing Shuzihua Weihu Tixì (S-RCM) Goujian

策划编辑:张　毅
责任编辑:杨　辉
封面设计:孢　子
责任监印:朱　玢
出版发行:华中科技大学出版社(中国·武汉)　　电话:(027)81321913
　　　　　武汉市东湖新技术开发区华工科技园　　邮编:430223
录　　排:华中科技大学惠友文印中心
印　　刷:武汉市洪林印务有限公司
开　　本:787mm×1092mm　1/16
印　　张:12.75
字　　数:318 千字
版　　次:2023 年 9 月第 1 版第 1 次印刷
定　　价:88.00 元

序

　　设备管理工作是烟草工业企业的基础性工作,对保障生产组织的平稳有序和工艺质量的水平提升起到至关重要的作用。在《中国烟草总公司关于推进卷烟工业企业设备管理精益化工作的指导意见》[1](以下简称《设备精益化指导意见》)发布后,各企业普遍推行 TPM(全面生产维护体系)、资产全寿命周期管理、RCM(以可靠性为中心的维护体系)等管理工具作为承载精益化管理思想的重要载体,开展了大量针对烟草行业特点的设备维护模式的研究与创新实践工作,逐步明确了烟草工业企业设备管理的主线脉络和具体内涵,进而指导了设备管理精益化、智能化平台的建设进程。

　　长期以来,烟草工业企业采用的是计划性预防维护体系,即依据预先定义的保养标准和巡检标准进行周期性维护保养和维修。随着装备的不断升级和新技术的发展,行业装备的自动化和智能化水平越来越高,传统的计划保修制越来越暴露出过度维修和经验性维护的不足,难以保障复杂精密烟机设备的可靠性和精益化运行。在行业全面推进数字化转型和智慧工厂建设的背景下,宁波卷烟厂结合行业发展战略和技术条件,针对行业装备的特点,以数据驱动为主线,开展了长期的 RCM 可靠性维护的应用探索和创新实践,针对 TPM 与RCM 的体系融合提出了基于风险的整合思路和具体做法,对质量、工艺、安全、环境、成本等综合风险因素开展了针对性和系统性的控制措施,初步构建了基于状态的数据驱动的 S-RCM 设备维护体系。

　　本书总结提炼了宁波卷烟厂和行业兄弟单位十余年的设备管理创新经验成果,提出了一种设备维护模式数字化转型的建设途径和具体方法。本书介绍了 S-RCM 的理论基础和具体实施过程,搭建了系统化的体系架构,提供了大量的智慧化实践案例和数据应用案例,内容丰富翔实,技术先进实用,具有较高的应用价值和指导意义。这也是目前第一本专门针对烟草行业设备管理数字化转型的专著,值得烟草行业的各个工业企业好好学习和借鉴。

周锦才

2023.4

前　　言

宁波卷烟厂对 RCM 维护体系的探索和应用,始于十余年前,由虞文进厂长首次提出思路并坚持推行。2018 年,在结合了技术改造装备升级和数字化基础条件,以及智慧化技术应用的基础之上,RCM 维护体系发展为了较为系统化的 S-RCM 维护体系。针对烟草工业的设备特点,依托数据采集体系,在全面风险分析的基础上,围绕质量、工艺、安全、环境、成本控制的目标,建立数据驱动的可靠性维护体系,即 S-RCM 体系。该体系的主要目的是通过实时参数变化和故障趋势进行风险预判,有目标地进行精准维修和精益维护保养。

本书是通过对浙江中烟宁波卷烟厂长期设备维护的探索与实践成果进行汇集和提炼而成的,同时也融合了行业兄弟企业的经验成果。本书针对 RCM 体系的要求,探讨了烟草工业企业的应用适用性和相对于计划性预防性维护的优势;针对 RCM 体系过程的局限性,采用风险分析与控制的思路,扩展和完善了整体管理过程,构成了从风险识别、目标定义、过程控制到绩效改善的完善管理过程,形成了更为系统性和规范性的管理体系;本书结合烟草工业的工艺特点,将质量工艺、职业健康、安全生产、能源环境等要素纳入了设备风险控制的范围,扩展了设备维护的范围和内涵,阐明了设备管理体系的真正目的和定位。

本书提出了一套完善的基于数字化条件下的可靠性维护体系建设的实施路径和方法,包括实施路径、分析工具、数据模板和参照标准等。企业可以实际参照执行,对原有设备维护体系进行提升和优化。同时,针对设备维护模式进行的智慧化建设,本书首次提供了系统化的实现路径和具体方法工具,详细介绍了数据驱动、知识驱动的知识图谱应用的课题研究成果。

在本书形成的过程中,编委会虞文进、黎勇、邵坚铭、张国平负责总体框架的设计与业务部分的梳理和编撰工作,罗飚、林翌臻、徐敏等负责案例的撰写及科研成果的收集整理工作,韦伟负责基础理论和数据驱动部分的编写工作。同时感谢中国烟草机械集团、青岛卷烟厂、济南卷烟厂、龙岩卷烟厂、南昌卷烟厂、黄金叶制造中心等单位在 S-RCM 的建设过程中给予的帮助。

宁波卷烟厂简介

　　宁波卷烟厂的前身为 1925 年创办的中国韩岭烟厂,1964 年定名为宁波卷烟厂。宁波卷烟厂曾经生产的"大红鹰""五一""上游"等品牌卷烟,深受广大消费者欢迎。目前,其主要生产"利群""雄狮""摩登(出口)"等品牌卷烟。

　　2006 年 3 月 24 日,时任浙江省委书记习近平视察了宁波卷烟厂。同年,浙江中烟工业公司、宁波卷烟厂和杭州卷烟厂进行了"三位一体"联合重组。宁波卷烟厂先后获得了"全国五一劳动奖状"、烟草行业"卷烟工厂标兵单位"和第七届"行业先进集体"等荣誉。

　　2016 年 6 月 1 日,宁波卷烟厂完成了"十二五"易地技术改造,从顺利搬迁到恢复产能历时不到 3 年,创造了行业的技改、速度、技改搬迁速度和技改后产能恢复速度。技改后的宁波卷烟厂占地 850 亩,拥有 3 条 4000 公斤/时的制叶丝线、30 台套卷接包机组等一流的生产装备,设计产能达 100 万箱/年,质量、效率、能耗等关键指标从行业中游跃升至行业前列。2022 年,生产卷烟 88.08 万箱。

　　宁波卷烟厂经过 10 余年的深入研究、探索和研发,倾力践行以可靠性为中心的设备精益化管理,深入推进智能制造,大力提升设备管理的质保与维保能力,逐步搭建起具有宁烟特色的设备管理模式。同时,聚焦"互联网＋生产制造",积极促进"两化"深度融合,研发了一系列智能化系统。

　　创业、拼搏、思变是宁波卷烟厂高质量发展的精神内涵。为实现建设一流卷烟工厂的梦想和推动行业实现高质量发展,宁波卷烟厂将勠力同心、守正创新、奋勇拼搏!

目　　录

第一章　概　　述

本章主要对设备、资产、备件等管理对象的基本概念进行辨析,明确其相互关系。同时对国际、国内的烟草行业的设备管理体系的发展历程进行综述,阐明设备管理的沿革路径和发展趋势。

第一节　设备管理基本概念

一、设备与资产的概念

(一)资产的概念

资产的概念可以分为广义和狭义两个层面。在广义层面上,按照 ISO 55001 资产管理体系标准的定义,资产是指对组织有潜在价值或实际价值的物品、事物或实体,按形态可以分为实物资产和无形资产。广义的资产概念指组织所有拥有的固定资产(建筑物、设备等)、存货(库存)、金融资产、人力资产、无形资产等。狭义的资产概念指固定资产。

1.会计学里的资产定义

资产是指由企业过去的交易或事项形成的、由企业拥有或者控制的、预期会给企业带来经济利益的资源。不能带来经济利益的资源不能作为资产,是企业的权利。

资产按照流动性可以划分为流动资产、长期投资、固定资产、无形资产和其他资产。

流动资产是指可以在 1 年内或者超过 1 年的 1 个营业周期内变现或者耗用的资产,包括现金、银行存款、短期投资、应收及预付款项、待摊费用、存货等。

长期投资是指除短期投资以外的投资,包括持有时间准备超过 1 年(不含 1 年)的各种股权性质的投资、不能变现或不准备变现的债券、其他债权投资和其他长期投资。

固定资产是指企业使用期限超过 1 年的房屋、建筑物、机器、机械、运输工具,以及其他与生产、经营有关的设备、器具、工具等。

无形资产是指企业为生产商品或者提供劳务出租给他人,或为管理目的而持有的没有实物形态的非货币性长期资产。

其他资产是指除流动资产、长期投资、固定资产、无形资产以外的资产,如长期待摊费用等。

狭义上,许多企业对资产的理解专指资产范畴内的固定资产部分,其内涵主要是企业内的生产性和非生产性的设备设施。本书默认的资产概念是指固定资产。

烟草行业参照了固定资产在国家会计制度中的定义,在《烟草行业固定资产分类与统一代码编制规则》[2]中对固定资产的定义为,为生产商品提供劳务、出租或经营管理而持有且使用寿命超过一个会计年度的有形资产。这个划分标准较为笼统,各中烟工业公司制定了相应的固定资产管理办法或规定,进一步细化划分原则和资产分类,例如上海烟草集团有限责任公司在固定资产管理规定中对固定资产的定义如下。

符合下列两个条件之一的生产、生活资料,列为固定资产。

——使用期限超过1年以上的房屋、建筑物、构筑物、机器、机械、运输工具以及其他与生产、生活经营有关的设备、器具、工具等。

——不属于生产、生活经营主要设备,但单位价值在2000元以上,并且使用期限超过2年具有实物形态的物品,具体以固定资产目录为准。

2.烟草行业固定资产主要分类

烟草行业固定资产主要分为3个大类。

(1)生产经营(直接用于生产经营活动的设备、器具、工具)用的固定资产,包括以下4种固定资产。

——专用设备:用于烟草生产的卷接、包装、制丝及其他,属国家烟草专卖局管理的设备。

——通用设备:专用设备以外直接用于生产经营的机器、机械设备。

——房屋及建筑物:指直接生产经营用的房屋、建筑物及其附属设施。

——运输设备:有正式牌照,按期缴纳车船使用税、养路费的直接用于生产经营的运输工具。

(2)非生产经营(间接用于生产经营活动的设备、器具、工具)用的固定资产,包括以下3种固定资产。

——通用设备:间接用于生产经营活动的设备、器具、工具。

——房屋及建筑物:间接用于生产经营、办公以及为职工生活福利服务的房屋、建筑物及其附属设施。

——运输设备:有正式牌照,按年缴纳车船使用税、养路费的间接用于生产经营的运输工具。

(3)土地。

(二)设备的概念

从上述表述中可以看出,设备实际上就是一类固定资产。按照PMS/T 3—2018《设备管理 定义和术语》[3]中的定义,设备是固定资产的主要组成部分,它是工业企业中可供长期使用,并在使用过程中基本保持原有实物形态的物质资料的总称。

《中国烟草总公司设备管理办法》[4]中明确:"本办法所称设备是指企业在设计、实验、生产、运营等领域可供长期使用的机器、设施、装置、仪表仪器和机具等固定资产。"这里的设备的范围涵盖了烟草行业的固定资产分类中除了土地以外的所有的生产经营用的固定资产和非生产经营用的固定资产。

二、设备管理的相关概念

(一)设备管理的概念

按照中国设备管理协会的 PMS/T 3—2018《设备管理 定义和术语》给出的定义,设备管理是指以设备为研究对象,追求设备效能最大化,应用一系列理论、方法,通过一系列技术、经济、组织措施,对设备的物质运动和价值运动进行全过程管理。

设备管理分为前期管理与运维管理两个阶段。

(1)前期管理:规划、设计、选型、购置、安装、调试、验收、接管等工作。

(2)运维管理:使用、保养、点检、润滑、维修、改造、更新直至报废等过程。

国际上并没有对设备管理给出较为权威的定义或内涵。目前,主流的说法来自英国丹尼斯.帕克斯于 1971 年提出的"设备综合工程学",认为设备管理是对设备寿命周期全过程的管理,包括选择设备、正确使用设备、维护修理设备以及更新改造设备等全过程的管理工作。这个设备全寿命过程可以从物资、资本两个基本面来看,可分为实物流和价值流两种基本形态。从设备的物质形态的基本面来看,设备实物流是指设备从研究、设计、制造或从选购进厂验收投入生产领域开始,经使用、维护、修理、更新、改造直至报废退出生产领域的全过程,这个层面过程的管理称为设备的技术管理;从设备资本价值形态来看,设备的价值流包括设备的最初投资、运行费用、维护费用、折旧、收益以及更新改造的措施和运行费用等,这个层面过程的管理称为设备的经济管理。设备管理既包括设备的技术管理,又包括设备的经济管理,是两方面管理的综合和统一,偏重于任何一个层面的管理都不是现代设备管理的最终要求。

显然,上述设备全寿命管理的表述与资产全寿命管理的内涵基本一致,且管理内容上没有明显的差别,二者容易混淆。造成这种概念混淆的一个主要原因是资产管理的国际标准发布较晚,国际标准化协会在 2014 年才将英国标准协会(British Standards Institution,BSI)和英国资产管理协会(Institute of Asset Management,IAM)制定的基于风险、绩效、成本的资产全寿命周期管理标准 PAS 55 转化为 ISO 55000 资产管理系列标准。我国于 2017 年通过翻译转换 ISO 55000 系列国际标准,发布了 GB 33172 系列资产管理标准。这个标准对资产管理的概念、方针策略、组织、过程、指标等管理要素和原则给出了定义。

由于设备本身就是固定资产,因此完全可以按照资产管理的国际标准(ISO 55000/GB 33172 系列)进行解析和对照来理解设备管理的内涵。设备全寿命周期管理与资产全寿命周期管理的内涵基本是一致的,只不过资产管理的层级更高,外延更广,体系更为完善,设备管理可以认为是资产管理的一个子集,侧重于实物管理。二者的主要差异在于:资产管理不仅包含了价值管理和实物管理两个方面,而且站在企业资源运营层面综合考量资产整体的效能、风险和成本目标,涵盖了从企业战略目标、管理组织、管理计划到具体管理过程和绩效测量的闭环管理;资产的全寿命周期管理过程不仅贯穿资产从投资规划、设计制造、购置安装到运行维护、报废处置的业务部门和环节,同时在价值管理方面更注重资产配置的合理性,经济效益和风险目标的平衡。

扩展阅读

资产全寿命周期管理体系

在刘振亚所著的《企业资产全寿命周期管理》[5]一书中,资产管理体系的要素为企业的资产管理方针、资产管理战略、资产管理目标、资产管理计划以及它们的开发、实施和持续改进所需要的活动、过程和组织机构。

资产全寿命周期管理体系的内涵有3个关键点,如下。

(1)资产管理体系的五位一体:是指流程、组织与职责、制度标准、风控、绩效等五位一体要素。流程是确保各项业务顺畅运作的基础,组织与职责是确保各流程环节责任到部门、落实到岗位的重要保证,制度标准是确保各层级、各部门、各岗位规范执行流程的主要依据,风控是确保合规运营、资产安全稳定运行的关注重点,绩效是确保实现资产管理目标的导向。

(2)资产全寿命周期的三流合一:是指实物流、价值流、信息流的三流合一,反映了企业资产全寿命周期管理业务流转、成本管控以及信息化落地的3个关键因素。

(3)全寿命周期成本(Life Cycle Cost,LCC):资产从形成到退出发生的全寿命周期成本,可分为投入期成本、运行期成本和报废期成本。

由于长期以来受到条块化管理模式的限制,工业企业的设备管理体系一般侧重于工厂车间层级的实物资产管理和设备运维,重视技术管理,轻视经济管理,价值管理方面的管理较为薄弱。近年来,烟草行业开始重视技术与经济的综合管理,引入国际通用的资产全寿命管理的理念和工具方法,对设备管理的内涵和外延进行扩展和完善。行业的设备全寿命周期管理理念和实践,逐步与资产管理体系的要求相统一。

领域内有资产管理体系、设备管理体系、设备维护体系等多种提法,这些体系的内涵和思路基本是一致的,均涵盖了全寿命周期管理的过程,并采用了风险控制的理念,但是其管理的侧重点有所不同,一些概念和定义也有所差别。对卷烟工厂而言,设备维护是日常工作的重点,企业的设备管理实际上关注点在于设备维护工作的组织和管理,因此,本书主要围绕设备维护体系进行阐述。

(二)烟草行业设备管理

在中国烟草总公司(以下简称总公司或国家局)发布的管理办法中,对行业设备管理体系的总体目标、管理对象、方针、原则提出的要求如下。

(1)总体目标:提高技术装备和管理的现代化水平,保障企业设备安全生产,节约能源、保护环境,促进设备资源的有效利用和经济合理的运行,充分发挥设备资源为烟草行业发展提供支撑和保障的基础作用。

(2)管理对象:设备是指企业在设计、试验、生产、运营等领域可供长期使用的机器、设施、装置、仪表仪器和机具等固定资产。

总公司将持续推进设备管理体系的建设和完善,各直属公司及基层企业要按照建立现代企业制度的要求,建立适应行业发展需要的设备管理体系,并从组织、经济、技术等方面采取措施,将设备的实物形态管理和价值形态管理相结合,对设备生命周期的全过程进行综合管理。

(3)管理方针:设备管理遵循依靠技术进步、以人为本、促进经济发展、预防为主、保障安全、保护环境和节能降耗的方针,紧密围绕行业改革、发展的中心工作,坚持设计、制造、规划、采购与使用相结合,维护与检修相结合,修理、改造与更新相结合,专业管理与全员管理相结合,技术管理与经济管理相结合,全生命周期管理与重点阶段管理相结合的原则,对行业企业设备进行分级、分类管理。

(4)管理原则:设备管理要做到统筹规划,合理配置,正确使用,精心维护,科学检修,适时更新和改造,提高行业技术装备水平,实现设备寿命周期费用经济、综合效能优化,保证设备资产取得良好的投资效益和社会效益。

总公司鼓励并支持设备工程技术和管理技术方面的研究、创新和实践,积极推广应用现代设备管理方法和科学技术成果。

(三)设备维护的概念

设备维护是指设备维修与保养的结合,是为防止设备性能劣化或降低设备失效的概率,按事先规定的计划或相应技术条件的规定进行的技术管理措施。设备维护的概念(Maintenance, Repair and Overhaul, MRO)逐步变成了一个标准。美国国防部对其的相关定义如下。

(1)为了维持或恢复机能单元处于特定状态,使机能单元可以执行应有机能所进行的行动,例如测试、量测、更换、调整及修理等。

(2)为了维持零件处于可以工作的条件,或是让零件恢复其工作能力,所进行的所有行动,其中包括检视、测试、保养、修理、再制及改造等。

(3)为了让设备维持在可运作条件的所有供应及修理。

(4)为了让仪器设备(工厂、建筑物、结构、设备、基础系统或其他财产)维持在可以持续使用的条件,在其计划用途上可达到出厂设置(或设计)能力及效率,而进行的例行性工作。

在烟草行业设备维护的领域中,按照 MRO 的划分,设备维护可以分为日常维护保养(行业通常简称维保)、修理(通常称为维修、检修等)、解体翻修 3 大类作业。按照总公司《设备管理办法》中的提法,设备维护可以分为以下作业类型。

(1)日常维护保养:包括点巡检、润滑、保养、检验(计量、检测装置,特种设备等)、检查(安全、现场管理)等作业。

(2)维修:故障维修、计划维修等作业。

(3)翻修:项修、大修、技术改造等作业。

这些作业类型的具体内涵可以参照 PMS/T 3—2018《设备管理 定义和术语》中的定义,如下。

(1)点巡检:根据企业各自的发展历史、传统文化和习惯,点检也可理解为检查、巡检、巡视、岗检。企业可根据需要建立巡检规范,内容包括巡检路线、巡检范围、巡检周期、巡检内容和巡检标准。

为了维持设备的原有性能,通过人的五感(视、听、嗅、味、触)或者借助状态监测工具、仪器、软件等按照预先设定的标准、周期和方法,对设备上的规定部位(点)进行有无异常的预防性检查的过程,以便掌握设备的劣化趋势,使设备的隐患和缺陷能够得到早期发现、早期预防、早期处理,这样的设备检查方法统称为点检。

点检是一种可以及时掌握设备运行状态,指导设备状态维修的一种科学的管理方法。点检的目的是通过点检准确掌握设备技术状况,维持和改善设备工作性能,预防故障、事故发生,减少停机时间,延长设备寿命,降低维修费用,保证安全、正常生产。

(2)保养:为使设备保持规定状态(性能)所采取的措施。保养也可称为维护、日常维护、维保等。

(3)维修:为了使设备保持或恢复到规定状态所进行的全部活动,也可理解为使发生故障的设备恢复到完全可使用的状态并符合有关标准要求的活动。维修具体包含如下作业类型。

①抢修:为避免发生严重后果而需要立即着手进行的设备维修活动,也可称为紧急维修等。

②预防性维修(预防性维护):通过系统检查、检测和消除设备的故障征兆,使设备保持在规定状态所进行的全部活动。预防性维修包括预知状态维修、定期计划维修等。

③故障维修/修复性维修:设备发生故障后,使其恢复到规定状态所进行的全部活动。修复性维修可包括一个或多个步骤,如故障定位、故障隔离、设备分解、总成/部件更换、零件组装、基准调校或检测等,也称为修理。

(4)设备改造:对设备结构、材料、形状或功能进行的改造,以改善或提高设备的性能、精度及生产效率,减少消耗或故障。设备改造在企业实际过程中往往简称为技改。

(5)大修、中修与项修:指根据设备寿命或工况,对设备定期进行的深度检修维护、解体维修、拆解更换、返厂检修、设备翻新等活动,也称为 Overhaul。大修、中修与项修的检修周期、检修内容、检修方式和费用投入有所差别,不同行业有专有的检修规程。一般,采用固定资产投资项目的管理方式,需要制订严密的检修计划:技术方案、工期进度、施工组织、人员安排、后勤保障、验收标准等。

(四)烟草行业对设备维修的定义

广义的设备维修是指对设备进行检查、维护及修理,因此,设备维修与设备维护在概念上并没有差别。狭义的设备维修专指设备修理。

《中国烟草总公司设备管理办法》[4]在第三十九条"设备维修包括大修理、项目修理和日常修理。"中对烟草行业的设备维修类型进行了定义,如下。

(1)大修理:设备的大修理要对所修设备进行全部解体,修理基准件,修复或更换全部磨损件,同时修理、修整电气部分以及外表翻新,从而全面消除设备修前存在的缺陷,恢复设备原有的精度、性能和效率。

烟草专用机械大修理工作要按照行业有关规定组织开展。

通用设备和特种设备的大修工作要按照国家通用和强制性要求组织开展。

设备大修理的验收,要由承修方和企业设备管理、生产使用、质量管理等部门,依据合同规定的验收标准组织进行。

(2)项目修理:项目修理是根据设备的技术状态,对设备精度、功能达不到工艺要求的某些部位,按需要进行针对性修理,以恢复设备精度、性能。

对于委外开展的烟草专用机械设备项目修理工作要按照行业有关规定组织开展。

对于委外开展的通用设备和特种设备的项目修理工作,须按照国家通用和强制性要求选择具备资质的承修方组织开展。

(3)日常修理:设备的日常修理是按定期维修规定的内容或针对日常点检和定期检查发现的问题,部分拆卸零部件进行检查、修整,更换或修复少量磨损件,同时通过检查、调整、紧定机件等技术手段,恢复设备使用性能。

日常修理工作由企业根据实际情况有针对性地开展。

修理计划：企业要加强设备修理工作的计划管理。直属公司要组织编制年度设备修理计划。设备修理计划要纳入企业生产计划。基层企业要根据生产安排和修理计划，编制修理作业计划，包括修前技术准备和生产准备。

零配件采购：烟草专用机械生产、维修用零配件的采购、使用等工作要按照行业的有关规定组织开展。

通用设备和特种设备零配件要按比质比价原则择优采购。

企业要有专业人员负责编制零配件储备定额，完善零配件储备信息，优化库存，保证储备经济合理。

（五）可靠性的基本概念

可靠性的完整含义在可靠性工程（RAMS-可靠性、可用性、维修性及安全性等）中是一系列紧密关联的概念和量化指标。

（1）可靠性：产品在规定的条件下和规定的时间内，完成规定功能的能力。可靠性的概率度量亦称可靠度。可靠性的基本参数：

$$MTBF＝平均故障间隔时间$$
$$MTBCF＝平均致命故障间隔时间$$

（2）可用性：产品在任一随机时刻需要和开始执行任务时，处于可工作或可使用状态的程度。可用性的概率度量亦称可用度。

（3）维修性：产品在规定的条件下和规定的时间内，按规定的程序和方法进行维修时，保持或恢复到规定状态的能力。维修性的概率度量亦称维修度。

（4）测试性：产品能及时并准确地确定其状态（可工作、不可工作或性能下降），并隔离其内部故障的一种设计特性。

（5）安全性：系统不发生事故的能力。

（6）保障性：系统的设计特性和计划的保障资源能满足产品使用要求的能力。

（7）设备隐患：可引发故障以及安全、质量等方面的缺陷，称为设备隐患。

（8）故障（failure）：设备完成规定功能的能力下降或丧失的状态。

设备故障有突发性和渐发性，有功能停止型和功能下降型。特别是对硬件产品而言，故障与失效很难区分，故一般统称为故障。

（9）设备事故：设备因非正常损坏造成停产或效能降低，停机时间和经济损失超过规定限额的情况。

第二节 设备维护体系相关理论与实践

一、TPM 全面生产维护体系

（一）TPM

TPM（全面生产维护体系）是企业精益管理的核心工具，也是当前国际主流资产管理体系。自20世纪90年代开始,全面生产维护体系在国内大中型制造业企业内得到了迅速普及和推广,成为现代企业资产管理普适的理念与工具。

TPM是以提高设备综合效率和完全有效生产率为目标,以系统的检维修体系为载体,以员工的行为规范为过程,以全体人员的参与为基础的生产和设备维护规范化管理体系。TPM全面生产维护体系的框架如图1.1所示。TPM主张行为规范化、流程闭环化、控制严密化和管理精细化。其核心在于以下3个方面。

图1.1 TPM全面生产维护体系框架

(1)以提高设备综合效率和完全有效生产率为目标:设备综合效率反映了设备本身的潜力挖掘和发挥,对设备的时间利用、速度和质量的追求。完全有效生产率管理致力于整个生产系统的潜力挖掘和发挥,即从人机协同关系等方面提升生产系统效率,从而达到最优。

(2)以全系统的设备预防维修为载体:将事后维修转换为有计划的预防性维护。

(3)以员工的行为全规范为过程:规范是对行为的优化,是对经验的总结。员工经过适当的培训,就可以掌握规范和执行规范。以全体人员参与为基础,班组自主活动构成企业的一个个活跃的创新细胞。

TPM管理理念和其发展演变的系列管理工具是资产管理体系进步的工具之一。

TPM管理的主要工具与方法包括以下5个部分。

(1)6S:指的是改善生产现场的整理、整顿、清扫、清洁、安全、素养的活动。

(2)6H:深入现场,全员排查和清除"六源",即解决污染源、清扫困难源、故障源、浪费源、缺陷源、危险源等问题活动。

(3)6I:现场变革的六项改善方向,即改善影响生产效率和设备效率的环节、改善影响产品质量和服务质量的细微之处、改善影响制造成本之处、改善员工疲劳状况、改善安全和环境、改善工作与服务态度的活动。

(4)现场改善工具:可视化管理和SOP、目标管理、项目管理、企业形象法则、学习型组织、绩效激励这六大工具的综合应用。

(5)追求精益目标:追求零缺陷、零库存、零事故、零差错、零故障、零浪费这六个核心要素极限的管理体系。

（二）TPM的目标和成果

1. TPM的目标

TPM有以下2个目标。

（1）消除六大损失，提高设备效率。

设备综合效率（OEE）是由设备时间开动率、性能开动率和合格品率相乘而得的，其中，性能开动率又由净开动率与开动率相乘而得。设备的综合效率反映了设备在计划开动时间（即负荷时间）内有价值的利用。要使设备达到最高效率，就必须彻底地去除效率发挥的损失。一般而言，损失包括故障、调整、空转、速度、不良和启动6种，又称为六大损失。

（2）优化设备的综合效益。

卷烟企业经营的实质就是效益。其管理活动是一项复杂的系统工程，涉及资源的管理和过程及产出的管理，其最终目的是投入产出比（效率）最大化，而效益从管理中来。降低消耗和成本更是取悦市场的根本战略。卷烟企业在优化高速产出和设备磨耗中，充分发挥设备的作用，通过TPM改善效率、提高劳动生产率、降低生产过程中各项消耗（材料、工具、能源等）、改善产品质量、减少事故灾害、改善环境等一系列活动的开展，使设备得以充分发挥有效作业率。

2. TPM的成果

TPM改善活动的成果是多方面的，也是极其丰富的。一般来说，TPM活动的成果主要包括生产效率、产品质量、生产成本、交货期、安全、员工士气等方面的内容。所有的这些改善活动可以带来有形的和无形的两类成果。所谓的有形成果是指那些直接可以用金额或数字形式进行描述的内容，无形成果则是那些无法或者很难用金额或数字来描述的内容。

（1）一般来说，TPM有形成果包含以下几个方面的内容。

①生产（人和设备）效率的提高；

②不良品率降低；

③设备效率改善；

④生产及管理周期缩短；

⑤库存量减少，资金挤压减少；

⑥各类损耗降低，浪费减少；

⑦生产成倍降低成本；

⑧顾客投诉减少，顾客满意度上升；

⑨员工提案和发明创造能力提升。

（2）TPM无形成果包含以下几个方面的内容。

①无形成果一般可以体现在员工、设备以及企业管理状态的改变上，即活动的目的是通过提升人的素质和设备的存在质量来彻底改变企业生存的质量和面貌，企业整体形象的改善正是这些无形成果的具体表现；

②员工的改变意识、参与意识增强，全员意识的彻底变化；

③员工的技能水平提高，上下级内部信息交流通畅；

④积极进取的企业文化得以形成，设备效率的提高增强了企业体制；

⑤员工精神面貌得以改观，自信心增强，员工拥有了成就感与满足感并实现了自我价值；

⑥企业凝聚力增强。

要使 TPM 活动真正取得以上的成果,有效评价这些成果是非常重要的一环。因此,在推行 TPM 时,要切实把握企业的现状,正确制订各个管理项目与管理指标,并长期进行跟踪。否则,员工一旦看不到活动的成果,就会失去积极参与的动力,TPM 也就得不到来自各方面的持续的支持。

二、RCM 以可靠性为中心的维护体系

RCM(Reliability-Centered Maintenance)是指以可靠性为中心的维护体系。1999 年 8 月,美国汽车工程师学会(SAE)发布了以可靠性为中心的维修(RCM)标准,用于有形资产的维修管理。该标准的最新版本发布于 2002 年 1 月的 SAE JA1012《 A Guide to the Reliability-Centered Maintenance (RCM)Standard》。

维修体系的发展大约经历了事后维修、预防性维修和预测性维修。RCM 融合了更多的维修方式和诊断方法,尤其是在对设备可靠性要求极高的行业。

SAE JA1012 的主要方法为先对设备的功能、功能故障、故障原因及影响进行清楚明确的定义,然后通过故障模式及影响分析(FMEA)对设备进行故障审核,列出其所有的功能及其故障模式和影响,并对故障后果进行分类评估,最后根据故障后果的严重程度,对每一故障模式做出是采取预防性措施的决策,还是做出不采取预防性措施待其发生故障后再进行修复的决策。

此外,采取预防性措施时,要明确应选择哪种办法。RCM 分析中对故障后果的评估分类和预防办法的选择是依据逻辑决断图工具进行的。RCM 概要过程如图 1.2 所示。

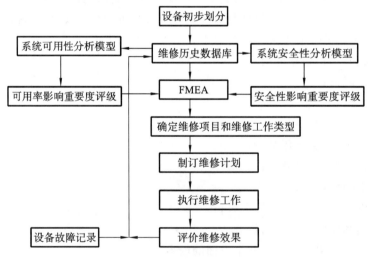

图 1.2 RCM 概要过程

卷烟工厂中,RCM(Reliability-Centered Maintenance)方法是针对机电一体化的复杂关键设备(例如卷烟机、包装机、制丝生产线设备等)采用的一种维护模式。RCM 强调对设备的异常工况进行早期诊断和早期治疗,以设备的状态为基准安排各种方式的计划维修,以达到最高的设备可利用率和最低的维修费用。

本书后续章节主要依据 RCM 的基本原理和方法步骤,结合烟草工业的特点对维护体系进行改进和扩展,从而展开长期的研究和实践。

三、ISO 55000 资产全寿命周期管理体系

ISO 55000 系列标准是目前国际上普遍接受的固定资产管理通用标准。该系列标准适用于电力、煤气、水务、港口、铁路等资产密集型企业。ISO 55000 来自早期的 PAS 55 资产管理标准。PAS 55 是由英国资产管理协会（Institute of Asset Management，IAM）和英国标准协会（British Standards Institution，BSI）于 2004 年制定发布的。2017 年 5 月，我国对 ISO 55000 标准进行翻译转换，形成了 GB 33172 系列国家标准并将其发布实施。

GB 33172 系列国家标准包括 GB/T 33172《资产管理 综述、原则和术语》、GB/T 33173《资产管理 管理体系 要求》、GB/T 33174《资产管理 管理体系 GB/T 33173 应用指南》

这三份标准分别对应着国际标准化组织（ISO）发布的资产管理体系系列标准 ISO 55001、ISO 55002 和 ISO 55003。通过资产管理体系的建立和实施，企业能够建立较为完善的资产全生命周期管理体系及完整的资产管理机制，从而降低资产管理风险，持续改善绩效，更好地实现其业务目标，并被相关方（投资人、监管者、外部机构等）所认可，这对于各类企业，尤其是对资产密集型企业尤为重要。

资产管理体系的基本构成与 ISO 9001 等其他管理体系标准一样，资产管理体系包括以下 3 项标准。

（1）ISO 55000—2014 对资产管理和资产管理体系（用于资产管理的管理体系）进行了概要性描述。

（2）ISO 55001—2014 规定了用于资产管理的管理体系的建立、实施、保持和改进的要求，称之为资产管理体系。企业可以根据 ISO 55001—2014 的要求，结合现状、识别差距、分析原因、提出解决方案，并持续改进。

（3）ISO 55002—2014 对 ISO 55001—2014 中提到的资产管理体系提供了实施指南。

资产全寿命周期管理起源于全寿命周期成本管理（LCC），是 LCC 理念的发展和丰富。资产全寿命周期管理是风险管理、效能管理和全寿命周期成本管理在资产管理方面的有机结合（统筹协调、综合平衡）。

根据 ISO 55000 的理念和核心内涵，烟草行业设备管理/设备维护体系的总体目标应当以公司的战略目标为导向，涵盖资产从引入到更换的整个过程。资产全寿命周期管理体系是一个基于风险及可持续优化资本的优化系统。

资产/设备全寿命周期管理涵盖了从建设到使用的全过程，即从目标策略、计划、过程管控、监测评价等各方面全方位统筹考虑资产规划、设计、采购、建设、运行、检修、技改、报废的全过程，在满足安全、效益、效能的前提下，追求最低的资产全寿命周期成本，提高投资效益，提升专业化管理水平。追求 LCC 资产寿命周期成本的最小化，LCC 模式是用来计算不同的维修方案的成本的，以此取得最佳的维修方案并实现资产价值的最大化。

扩展阅读

ISO 55000 资产管理体系的总体框架如图 1.3 所示。

资产全寿命管理的总体流程如图 1.4 所示。

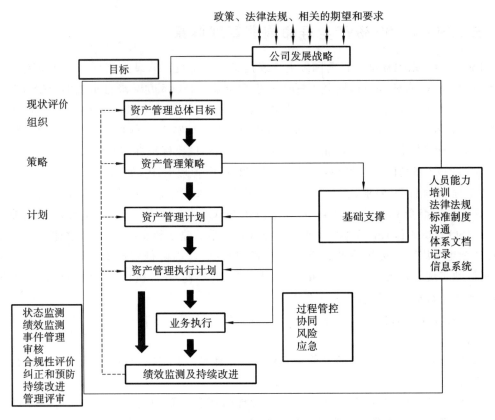

图1.3 PAS 55/ISO 55000 资产管理体系总体框架

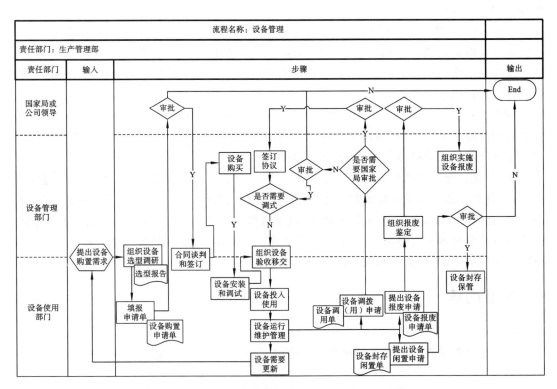

图1.4 资产全寿命管理总体流程(宁波卷烟厂示例)

第三节 卷烟行业的设备管理

一、行业设备管理体系建设

(一)发展历程

早在 2005 年,国家烟草专卖局在全行业提出要实行按订单生产的要求,要求各卷烟生产企业必须以市场为导向,根据市场定产,再由国家局向各生产企业下达生产计划的通知,对烟草企业的生产管理水平提出了更高的要求。设备在烟草企业的可持续发展战略中起到了重要的支撑作用。没有精良的设备,就不能生产出优质的产品;没有先进的设备管理理念,就无法管好用好设备。

2009 年,全国烟草行业设备管理工作会议在上海召开后,烟草行业各单位以设备管理的三个转变为中心任务,提高设备管理的科学化水平。2010 年,在西安召开的烟草行业设备管理经验交流会提出了设备管理的三个可控(设备状态可控、管理过程可控和经济成本可控),为设备管理指明了目标。

2013 年,在青岛召开的全国烟草行业设备管理现场会提出了设备管理精益化的明确要求,设备运行的经济成本控制是设备全寿命周期管理中非常重要的环节,是设备管理水平和成本控制水平的重要指标。2013 年,国家局在广州召开的全国烟草行业企业管理广州现场会上提出了全面推进企业精益管理,其本质是通过管理水平的提升,实现以最小的投入创造最大的价值,达到效益最大化,为破解烟草行业的三大课题、转变行业发展方式、提高行业发展质量和效益服务。

2015 年,烟草行业设备管理精益化推进现场会在湖南长沙召开,烟草行业设备管理的工作思路逐步清晰,以加强基础管理、提高管理水平为根本要求,以设备管理精益化为主旨,通过逐步统一思想、加强建章立制、不断创新管理、健全工作体系,有效地支撑烟草行业的精益管理。按照导入精益思想、推行精益方法、建立精益组织、形成精益流程、实现精益目标的总体要求,把设备管理的精益化与企业管理的整体工作相结合,以卷烟工厂为主体,从工作落实上下功夫,持续深入地推进设备管理的精益化工作。

2018 年,烟草行业设备管理工作现场会在浙江中烟宁波卷烟厂召开。会议提出了要积极促进"两化"深度融合的趋势,以智能化推动设备管理精益化。结合生产过程的数字化、物料的自动输送、产品质量的自动检测、状态数据的自动采集,以智能驱动、创新设备管理模式,不断推动设备精益管理的持续改进。探索具有自感知、自学习、自决策、自执行功能的生产维护模式,以推动工厂从传统模式下的业务提升到创新模式下的业务变革的跨越升级。

(二)设备管理精益化的指导意见

从 2010 年开始,烟草行业逐步推进 TPM 体系;在 2011 年发布了设备管理绩效评价体系;在 2012 年对设备状态监测管理进行广泛的应用;2013 年,国家局组织开展了设备管理四个课题(设备健康管理、状态检测、质量导向的设备维护模式、卓越绩效)的专项研究;在 2014 年发布了《中国烟草总公司关于推进卷烟工业企业设备管理精益化工作的指导意见》[1](中烟办〔2014〕70号)(以下简称《设备精益化指导意见》,更加明确地提出了设备精益化管理的方向。

1.烟草行业设备管理精益化的建设思路

烟草行业设备管理精益化是对烟草企业现有的设备管理体系进行优化和精益提升,通过体系化、科学化、精细化、信息化的过程,以设备管理绩效评价体系为抓手,以资产全寿命周期费用最经济为管理目标,对设备进行技术经济综合管理。通过四个转变的持续改善进程,逐步建立烟草企业设备精益管理体系。总体而言,可归纳为"三个转变""三个可控",即由单纯技术管理向技术经济综合管理转变、由经验管理向科学管理转变、由松散管理向集约管理转变,追求状态可控、过程可控、成本可控。其具体内容如下。

(1)由忽视成本收益的纯维修型管理向追求设备一生最佳效益的技术经济综合型管理发展。以设备的一生为研究和管理对象,运用系统工程的观点,把设备规划、设计、制造、安装、调试、使用、维修、改造、折旧和报废等一生的全过程作为研究和管理的对象。

(2)由经验管理向科学的精益管理转变。利用TPM、CBM、工业工程、质量管理、价值工程等一系列工程技术方法,改进现有设备管理体制和作业标准,通过全员、全系统、全过程的标准化管理,控制运行成本,减少浪费,追求最优的设备综合效率,充分发挥人员、设备和物料的效益。

(3)由定期维修为主的计划维护向状态维修、预知维修发展。积极利用状态监测、信息技术、健康管理等新技术、新工具方法,培养高素质人才队伍,提高企业整体的预防性维护水平,有效保障生产和质量。

(4)由狭义的专业化管理向涵盖能源、环境、测量、安全的综合性管理转变。不仅追求经济效益,同时承担起重要的社会责任,保障职业健康、安全生产、节能降耗、保护环境。

2.烟草行业设备精益化管理体系的建设措施

烟草企业的设备管理精益化是一项系统性和探索性的工作,需要不断地研究和改进。烟草企业建立设备精益化管理体系需要按照国家局的设备管理精益化的六项指导意见,吸收LCC全寿命周期综合管理的理念,融合TPM、RCM、CBM等精益管理方法,结合企业实际情况和多年的实践经验,进行管理创新、技术创新。以全员化、精细化、流程化、数字化为原则,用体系化整合设备管理要素,用信息化固化和落实管理体系,用精益工具持续改善管理水平。在企业发展战略和QEO管理体系框架下,按照目标策划、运行控制、检查评价、持续改善PDCA四个环节主线,对设备管理体系的目标方针策略、标准规范、管理要素、业务流程、管理工具方法、KPI指标和绩效评价等方面进行总体优化设计,将质量维护、测量管理体系、能源管理体系、安全生产标准化等内容进行有机整合,统一设计,逐步建立具有企业特色的,对质量、环境和职业健康体系进行有效支撑的,技术、经济和组织相结合的设备精益化管理体系。

(1)精确数据管理:依托信息化,根据设备管理绩效、设备状态评价、设备维修决策等工作需要,建立设备数据中心。以统一编码体系为基础,以单机台为对象,通过系统集成接口和人工录入方式,收集设备全生命周期的经济成本、技术状态和效能元数据。统计核算机台、机型、班组和部门相关指标数据,为设备状态分析、故障预测、大(项)修和设备管理绩效评价等工作提供全面量化的数据支撑,挖掘数据最大值。

(2)精准状态预测:通过深入分析设备技术状态、运行效能数据,对设备状态进行精准预测,在准确的时间对准确的部位实施准确的维保活动,提高设备维护保养的决策性,消除过度维修和故障维修,减少设备的运行故障,提升设备的运行效率,保障设备的稳定运转。构建状态检测体系,对设备的加工过程质量、产品质量、原辅消耗、运行效率、故障率等效能数据进行检测,对设备的振动、温度、电流和配合精度等技术状态进行检测。通过对设备状态的分析、诊断与预测,为设备维修、技术改造等决策提供量化的数据支撑。

（3）精心维护保养:通过设备的分类分级管理,系统识别关键设备、功能单元和状态控制点,建立针对功能单元、控制点的维修策略和技术标准体系。以设备状态控制点的有效受控为目标,将设备的操作、维修和技术人员进行系统整合,建立设备的三级预防机制。通过作业标准可视化(SOP)及培训,强化维护人员对标准的理解和掌握。运用信息化和移动终端工具,合理分配保养工作任务,实现设备维护保养的精细化、规范化闭环管理,实现设备状态可控。加强设备故障数据统计分析,对设备的维修策略和技术标准体系进行持续优化完善,持续提升精细化管理水平。

（4）精算成本控制:在保证产品质量和运行效能的前提下,精准分析成本数据,确认维持成本构成和改进方向,细化维持费用定额管理,提升费用控制水平。建立模拟利润中心,明确价值导向,梳理管理流程,优化资源配置,加强备件、供应商和节能降耗等管理,使成本控制精细到设备维护的各个环节。

（5）精实绩效管理:按照《中国烟草总公司卷烟工业企业设备管理绩效评价体系》确定的指导思想和原则,依托信息化,深化行业设备管理绩效评价体系的应用。通过细化指标、突出评价、强化考核、充分调动全员参与设备管理的积极性,提升设备维护保养的质量,保持设备稳定高效运行,引导全员现场改善,消除各环节的浪费,持续提升设备管理的效能。

（6）精干队伍建设:通过建设人才成长跑道、完善人才培训体系、健全激励机制,为不同层次、不同工种、不同需求的员工提供条件,让员工在企业的环境中、工作的过程中,实现自身的价值、找到自我尊严。员工与设备之间建立起互相促进、同步提高的良性循环。

3.依托信息化让设备管理体系落地

如今,烟草企业推行的体系繁多,在推进过程中往往上下分层,体系无法落实到基层,达不到预期的效果。设备管理信息化是科学管理的关键举措之一,通过信息化系统,让体系落实到基层。固化设备管理的业务流程,提高了工作效率,为科学决策提供了数据支撑,在设备管理体系建设的推进过程中,起到了承接和支撑的重要作用。

（1）要实现设备的全寿命周期管理。在系统设计和开发的初期,要全面思考通过信息系统实现设备的全寿命周期管理方法,全面梳理业务工作,优化设备管理流程,系统的业务要涵盖设备管理的各个环节。

（2）要按标准和规范采集在设备基础数据。在设备基础信息和数据采集方面,要严格执行行业发布的相关标准和规范。

（3）要重点解决数据采集的真实性和准确性。信息系统底层数据采集的全面性、准确性、真实性会直接影响到设备的科学管理。为了确保系统数据的真实性和准确性,要制订相应的数据采集的标准和规则;要认真分析数据采集的门类、类型、名称,采集的频率和频次,数据的精度等;要建立设备管理信息系统内信息录入和采集的检查、考核机制。

（4）实现设备运行信息的互联互通。要充分利用现有工业控制及现代数字通信技术,实现各类设备数据采集系统、设备监测技术系统、数据分析技术系统、生产运行控制和管理系统之间的互通互联及有效集成,实现各类管理的、离线的、在线的、工业控制系统的各类数据信息与设备运行相关数据信息的关联分析,使数据采集、传递、集成和分析技术成为实现设备管理现代化的主要技术方法和持续提高的基础。

(5)要认真研究各类数据之间的关联性应用。要建立设备分析模型,积极应用设备运行数据和维护维修数据,包括所有与设备相关的运行数据、故障数据、过程消耗数据、维护费用数据等,并与维护维修工单、单体设备以及预防性维护计划建立数据联系,使维护维修管理及其费用和价值能得到准确的获取及分析,支持预算、计划、维护维修管理、成本追踪和分析、管理价值评价和分析以及持续改进等,指导设备的科学管理、科学决策。

(6)要注意系统的开放性和兼容性。首先,企业内部各个信息系统能够互通互联,要把目前的 ERP、MES、设备点检等系统进行系统集成,形成有机的整体,避免形成信息孤岛;其次,企业设备管理信息系统与行业的设备管理信息系统能够对接,实现数据的上下互通。

二、行业课题研究与实践

在设备管理领域,国家局组织了多轮课题研究。2013 年,国家局组织开展了"设备健康管理""状态检测""质量导向的设备维护模式""卓越绩效管理"4 个课题的专项研究。2015 年,国家局组织了"卷烟工厂设备数据管理与应用""卷烟工厂设备运行成本精益管理""卷烟工厂主要生产设备运行能力的综合评价""ZJ116 和 ZB48 的精益管理"4 个课题的研究。这些课题代表了烟草行业的设备管理的最新的研究成果与实践成果以及未来的发展方向。

(一)设备健康管理课题

2013 年度的"设备健康管理"行业课题由青岛卷烟厂牵头建设实施,业内有 5 家卷烟厂共同参与了该课题的研究。该课题历时 3 年完成,发布了《卷烟工厂设备健康管理规范》及相关的评价标准和实施办法。该课题将 PHM、人体健康三级预防、风险管理等理念引入卷烟工厂,符合卷烟工厂设备的特点和维护保养、修理管理的特点,符合行业设备管理精益化的要求。对实现设备管理的精益化,具有现实意义和指导作用。

卷烟设备健康管理是以保障工艺水平和产品质量为核心目标,应用风险管理工具,在组织内设计、实施、监测、评审和持续改进设备健康风险管理的过程框架。设备健康风险管理过程通过风险评价、风险处理、监测与评审等活动,及时准确地掌握设备运行风险源的状态变化情况,实施准确有效的设备检维修活动,对设备健康风险因素进行全面管控,保持设备健康的预期水平,促进设备全面健康的管理模式。

设备健康管理实施是将现有的设备管理体系在 TPM 体系的基础上进行进一步的优化提升和深化拓展,以识别、预防、控制设备健康风险为主线,对设备的综合管理和技术管理做出总体设计,通过设备健康和设备健康管理的评价方法与标准,形成设备健康管理闭环。该过程强调数据分析应用和智能化、自动化工具融合,注重与信息化结合,实现"两化"深度融合。

卷烟工厂设备健康管理按照 RCM 的方法,借鉴了 PHM(故障预测和健康管理)技术、人体健康三级预防、风险管理的理念,过程中强调操作、维修技术人员和工艺、设备、安全等管理人员的参与,强调以预防为主。以识别、预防、控制设备健康风险为主线,对设备综合管理和技术管理做出总体设计,并给出设备健康和设备健康管理的评价方法与标准,形成设备健康管理闭环,符合卷烟工厂设备的特点和管理实际。

1.卷烟工厂设备健康管理的定义以及内涵

(1)卷烟工厂设备健康:是指设备的工艺质量保障水平以及可靠性、经济性、安全性、环保性等效能指标,功能单元(子系统)的精度等技术状态指标,以及设备维护保养工作的质量指标始终保持预期水平,包含了设备的效能、状态和运维等3个方面的要求。

(2)卷烟工厂设备健康管理的定义:以保障工艺水平和产品质量为核心,通过系统的分析、检测和评价,准确掌握设备技术状态和风险点的变化情况,通过准确有效的设备检维修活动,对设备健康风险因素进行全面管控,是一种促进设备全面健康的管理模式。

(3)卷烟工厂设备健康管理的内涵:准确掌握设备状态的变化情况,科学合理地安排设备维护活动,保持设备健康预期水平,实现设备管理精益化。

2.设备健康管理的主线步骤与方法

采用FMEA等风险分析工具,对卷烟工厂设备管理进行了较为深入的研究;面向实际业务过程,明确了目标管理和风险管理并行且密切联系的设备健康管理主线。

设备健康管理的主线包含目标管理和风险管理两个闭环,出发点和落脚点都是设备和工艺质量等管理目标。设备健康管理主要是以技术、管理标准和设备检维修资源保障的优化和持续改进为过程,以设备状态、效能、运维数据管理为基础,以设备健康和设备健康管理评价为手段,构成设备技术状态管控能力持续提升的闭环。设备健康管理的主线如图1.5所示。

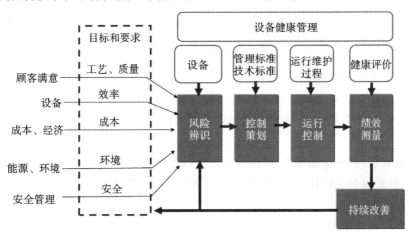

通过风险识别、控制、评价,促进多管理体系要求落地

图1.5 设备健康管理主线[6]

自2012年开始,烟草行业在山东中烟青岛厂、陕西中烟宝鸡厂、浙江中烟杭州厂等5个单位展开了设备健康管理方面的研究探索。设备健康管理课题的主要成果如下。

(1)《卷烟工厂设备健康评价指标库》。通过专题研究,承接了行业设备管理绩效评价工作,对行业设备管理绩效评价指标进行了细化和拓展,建立了《卷烟工厂设备健康评价指标库》。

(2)《卷烟工厂设备健康管理规范》。结合卷烟工厂设备管理实际和工作经验,对设备健康管理相关要素进行了系统的梳理,基于策划—控制—改进的运行模式,编制了《卷烟工厂设备健康管理规范》,明确了设备健康管理组织机构、设备健康管理策划、设备运行维护、设备维修管理、设备健康评价、绩效管理、持续改进等方面的要求,形成了较为完整的设备健康管理体系。

(3)《卷烟工厂设备健康管理综合评价标准》。形成了《卷烟工厂设备健康管理综合评价标准》,该评价标准由管理要素、评价标准和评分标准三部分构成。管理要素涵盖了设备健康管理目标、策划、管理过程、健康状态评价、绩效管理等健康管理规范的要求。该评价标准给出了明确的评价方式、判定依据和评分方法。

(二)卷烟工厂设备数据管理与应用课题

"卷烟工厂设备数据管理与应用"专题旨在运用具体的数据分析工具和方法,以设备各类数据为基础,解决设备管理过程中面临的具体问题,为行业设备数据的采集、分析、应用找到科学的机制和方法,进一步推广新技术与工具的使用,丰富设备管理精益化的内涵和方法。"卷烟工厂设备数据管理与应用"专题研究是由山东中烟工业有限责任公司牵头,济南卷烟厂、贵阳卷烟厂、曲靖卷烟厂、芜湖卷烟厂和重庆卷烟厂参加并共同承担的专题研究任务。

该课题针对的精益化、智能化是烟草企业生产制造的发展趋势,设备数据的管理与应用是卷烟工厂管理精益化建设的基础环节,同时也是行业设备管理的薄弱之处。设备管理者迫切需要具体实用的数据分析工具和方法,以设备各类数据为基础,解决设备管理过程中面临的具体问题,有效支持决策,改进管理,科学评价。因此,规范和加强设备数据管理,为行业设备数据的采集、分析、应用找到科学的机制和方法,对行业设备管理精益化具有重要意义。该课题的具体研究内容如下。

(1)统筹规划企业设备管理相关数据资源,对基础的设备数据进行规范,探索建立设备数据的定义、分类、采集、应用的规范。

(2)为卷烟工厂设备运行数据的采集应用机制建立规范和指南。建立运行数据管理机制,明确分析方法和应用目标,为设备管理体系进行数据化、智能化的提升优化提供实践经验和案例。

(3)为企业践行《中国制造2025》、精益化建设进程奠定数据管理的基础。探索大数据分析、物联网、数据可视化、3D建模、移动计算等新技术在设备管理中的应用,创新设备管理数据化的方法和工具。

"卷烟工厂设备数据管理与应用"专题体现了烟草行业企业对《中国制造2025》和两化深度融合等国家战略、行业企业精益化设备管理要求及生产实际中设备管理需求的思考、探索与实践。专题组创新性地提出了一套适用于卷烟工厂的设备数据管理及应用方法,并将其总结形成应用指南。这既能顺应工业发展趋势,又有实际措施保障专题落地实施。授之以鱼不如授之以渔,卷烟工厂设备数据管理与应用这个专题的研究成果是行业科学设备管理,行业精益设备管理,行业数据设备管理,行业智能设备管理建设的方法论和建设指导,为提高行业设备管理水平提供了理论及实践支持,具有较强推广价值。

(三)质量导向的设备维护模式课题

2013年3月,"行业设备管理专题研究"项目启动会议在上海召开。该会议制定了《"以卷烟产品质量为导向的设备维保"项目实施计划纲要》《"以卷烟产品质量为导向的设备维保"项目计划书》,编制了项目实施方案。

上海卷烟厂主要以制丝设备和卷包设备为研究重点,进一步探索并建立了卷烟设备的设备特性和产品特性之间的模型，围绕以卷烟产品质量为导向的设备维保，确定了 KPI 指标体系及相应的二级指标验证模式，并对二级指标验证模式的完善提出了设想和计划。

上海卷烟厂的研究围绕以产品质量为导向的设备维保工作的二级 KPI 指标的细化，运用大样本数据分析手段，从设备的日常性维修、计划性维修、应急抢修、预知性维修等具体维保策略的制订和完善着手，充实了以质量为导向的 KPI 指标及二级指标的框架内容，体现出设备管理中 5 个保障能力的提升。

研究的重点是围绕 5 个保障能力的提升，以质量 KPI 为导向，针对具体的产品质量特型值、具体的生产工艺环节、具体的设备部位，有针对性地建立维保模式。5 个保障能力的内容如下。

(1)过程质量保障能力主要是建立过程物测项目，以过程能力值 CPK 为指标，明确相应指标的保障要求，如烟支长度、圆周、密端位置等。

(2)质量检测保障能力是以检测性能的满足率作为指标，评价质量检测设备、装置对产品质量的控制能力以及质量缺陷的把关能力，如目标重量采样、空头检测灵敏度等。

(3)设备本体参数保障能力主要是针对设备本体的性能，以满足质量的机械尺寸数值为指标，观测相应变化情况，体现设备本体参数对质量的保障，如搓板与搓接鼓轮间隙、喷胶压力等。

(4)设备基础保障能力主要是基于设备安全性和清洁程度的情况而展现的，体现了设备现场管理能力。

(5)生产参数保障能力主要是建立基础生产过程中的设备参数值，并以此为指标观察对应参数的满足情况，如烙铁加热温度、烟体重量范围等。

上海卷烟厂项目组充分吸收和消化各家单位的研究成果，围绕前两阶段的研究思路，深入推进以产品质量为导向的设备维保的具体措施和方法。在建立卷烟产品的 KPI 指标及二级指标体系的基础上，项目组从质量特性指标出发，以 KPI 为线索，利用大样本数据分析的信息化工具，来引导生产设备的维保模式。维保模式从以往以经验维修为主的维修模式逐渐向以预知性维修、过程动态化维修的模式转变。项目组还开展了工艺验证方案的研究工作，为设备本体性能保障参数的可靠性、稳定性提供了科学合理的验证方法，对 KPI 及二级指标进行了有力的支撑。

(四)卷烟工厂设备运行成本精益管理

设备运行成本精益管理的目的是，既要保障设备综合效能最优，又要使设备运行成本最经济。设备运行成本精益管理是对设备选型、购置、安装、调试、运维、技改直至报废的全过程进行研究，其重点是对运行维护过程进行深入研究，整合卷烟工厂设备台账、财务台账、设备运行维修等的基础数据信息，从设备运行状态、维修保养模式等方面入手，深入研究卷烟设备运行成本中的关键环节和影响因素，并以其中几个关键构成要素为切入点进行重点突破研究，该研究以点带面，积极探索设备运行成本闭环管理流程和控制模式，建立适合卷烟工厂的设备运行成本精益管理的实施指南，并对卷烟工厂设备运行成本的精益管理起到一定的规范指导作用。

1.研究对象

设备运行成本精益管理的研究对象包括以下 4 点。

(1)设备运行成本。按车间、机种、机型等要素梳理并确定设备运行成本的构成要素;根据设备运行成本的特点和维修、技改需要,选取试点设备,开展设备运行成本分析,为运行成本精益管理提供支撑。

(2)从设备运行状态、维修保养模式和产品结构等方面,综合量化分析设备运行成本的拟定关键构成要素与各种影响因素的关联关系,分析设备降本增效的潜力。

(3)关键构成要素。采集拟定关键构成要素的影响因素数据、梳理相关业务流程并进行分析评价,形成以设备运行成本为核心的闭环管理流程和控制模式,为实现设备运行成本精益管理提供有效手段。

(4)维修、停机损失成本。将运行维修成本、停机损失成本2部分确定为本专题研究的主要研究对象。

2.研究目标

设备运行成本精益管理既要保障设备综合效能最优,又要使设备运行成本最经济,根据国家局"经济成本可控"的设备管理精益化要求,预期达到如下3个目标。

(1)确定卷烟工厂设备运行关键成本的构成要素及其主要影响因素。

(2)基于拟定的几个关键要素的影响数据采集、业务流程梳理和分析评价,形成成本闭环管理流程和控制模式。

(3)建立适合卷烟工厂的设备运行成本精益管理的实施指南。

3.研究方法

设备运行成本精益管理的研究方法如表1.1所示。

表1.1 课题研究方法汇总

序号	研 究 方 法	备 注
1	设备全寿命周期费用分析法	LCC技术
2	灰色关联分析法	/
3	因果矩阵图法	/
4	基于多元统计分析的状态监测和故障诊断法	以主元分析、Fisher判别分析以及偏最小二乘回归等为核心的多元统计分析技术
5	ABC分类法	主次因素分析法
6	失效模式和影响分析法	FMEA
7	SIPOC模型和BPR法	用于流程管理和改进的技术
8	模糊综合评价法	/

4.研究过程

根据本专题的特点,借鉴精益六西格玛管理的思想,构建如图1.6所示的专题研究总体技术路径。

5.研究成果

设备运行成本精益管理的研究成果包括以下6点。

(1)对设备运行成本的5个要素的分析和管控、状态监测与故障诊断、维修策略优化选取等内容进行了深入研究和实践验证,逐步建立了适合卷烟工厂的具有系统性、科学性、规范性和前瞻性的设备运行成本闭环管控模式。

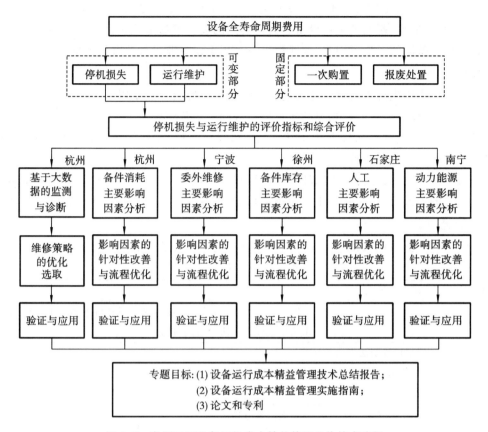

图 1.6　卷烟工厂设备运行成本精益管理总体技术路径

（2）利用大数据分析进行设备状态监测与故障诊断可以超越事件被动反应的阶段，通过挖掘并分析设备运行数据，使设备运行状态透明化，为合理安排设备检维修的时机提供条件。

（3）专题采用主元分析方法分别建立 Sirox 和 KLD 在不同生产阶段的监测模型，对不同阶段的异常进行有效检测，并利用贡献图方法对异常原因进行准确识别，消除了制丝生产过程中的监测盲区，提升了设备智能化控制水平。

（4）提出了一种具有正交判别向量的改进 FDA（Fisher 辨别式分析）的故障诊断方法，通过两次特征提取避免了类内离散度矩阵奇异值问题，通过迭代循环提取足够的判别成分，采用数据紧缩手段保证了成分间的垂直性，提高了故障诊断的性能。

（5）提出了一种基于运行工况识别和划分、在线模型匹配的状态监测与故障诊断的方法，基于横向分块的思想分别对小盒包装机 H1000、小盒透明纸封装机 W1000、条盒包装机 BV 进行建模和监测，实现了超高速包装机组部分关键数据的采集和存储。

（6）形成了《卷烟工厂设备运行成本精益管理指导意见》。

（五）卷烟工厂主要生产设备运行能力的综合评价

卷烟工厂的设备是指卷烟工厂长期使用的机器、设施、装置、仪表仪器和机具等固定资产，可分为烟草专用机械、特种设备和通用设备。鉴于烟草设备种类繁多，功能各异，烟草的动力、物流、信息、工控及相关辅连设备不在本专题的研究范围之内,本专题研究中的主要生产设备指卷包、成型、制丝类主机设备。其他类型的设备可参考该评价。研究中不考虑生产品牌、产值、设备原值净值等因素,该评价也不适用于设备非运行状态的评价。

1. 研究目标

卷烟工厂主要生产设备运行能力的综合评价的研究目标包括以下3点。

(1)寻找与设备运行能力相关的各关键参数间的最优组合。

(2)揭示设备关键指标与质量、设备效率、原辅料消耗、能耗等之间的联系,提供一种切实可行的试验方法和参考特性。

(3)积极探索设备运行能力闭环管理流程和控制模式,建立适合卷烟工厂的设备运行能力综合评价的方式方法,对卷烟工厂设备运行能力的精益管理起到一定的规范指导作用。

2. 研究方法

卷烟工厂主要生产设备运行能力的综合评价的研究方法如表1.2所示。

表 1.2 研究方法汇总

序号	研 究 方 法	备 注
1	设备全寿命周期管理法	设备从投入使用开始,到在技术上或经济上不宜继续使用而退出使用过程为止所经历的时间
2	因果矩阵图法	/
3	FMEA	失效模式和影响分析法
4	Minitab 运用	/
5	ABC 分类法	主次因素分析法
6	SPSS 运用	包括数据管理、统计分析、图表分析、输出管理等
7	MATLAB 运用	/
8	模糊综合评价法	定量评价

3. 研究过程

卷烟工厂主要设备运行能力评价的研究过程的总体路线如图1.7所示。

4. 研究成果

卷烟工厂主要设备运行能力的综合评价的研究成果包括以下4点。

(1)采用单因子试验法、正交试验法对各输入要素进行正交试验,获取关键输出要素的变化特征,形成了特定生产条件下的最佳要素组合,对主要制丝、卷包、滤棒成型设备运行能力的综合评价提供了数理依据。

(2)使用了单因子试验(建议以单因子试验为主,以多因子试验为辅):选用某厂某牌号卷烟使用的在线烟丝,以预载入因子、排潮风门风速、冷凝水阀门开度作为输入,在一定范围内调整其中一个工艺参数,其余工艺指标按工艺标准执行,按设计要求与正常方式组织进行工艺试验。

(3)建立了卷包、成型、制丝切丝机、烘丝机等主要研究对象的综合评价模式。

①研究人员获得了大量设备关键输入参数对关键输出结果要素的特性曲线或者建立了部分关键参数的数理关系,提供了一种切实可行的试验方法和参考特性。

②上机试验为烟草设备的单机运行能力测试提供了一套完整的方式方法。

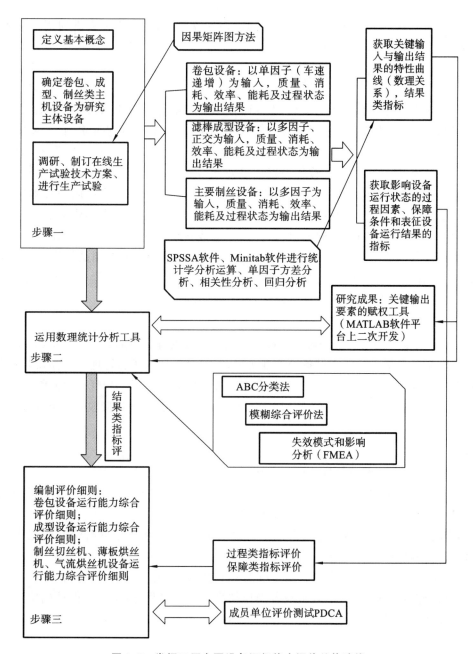

图 1.7 卷烟工厂主要设备运行能力评价总体路线

③编制了作为主要研究对象的卷包设备、成型设备、制丝切丝机、烘丝机的评价细则及评价指标计算说明。

（4）促进了数据分析的运用。

①揭示了关键输入与输出参数之间的特性曲线，发掘了设备特性与产品质量之间的关系，建立了综合的设备运行能力评价指标。

②自主开发了赋权工具，并封装成方便操作的"黑匣子"，运用这个开发的软件，可以清晰地展现输入与输出参数之间的联系，也可将客观权值、主观权值合并成综合权值，合理地分配指标权重。

③构建了设备关键参数与评价指标之间的内在联系,为设备管理人员利用数据分析软件深入挖潜设备的内涵建立了示范。

(六)ZJ116 和 ZB48 的精益管理

ZJ116 和 ZB48 的超高速卷接包机组研制是《烟草行业中长期科技发展规划纲要(2006—2020 年)》[7]中确定的重大专项。2013 年 6 月,设备样机通过鉴定,在行业内已经配置近 40 组,该机组代表了国产烟机制造的最高水平。管好用好国产超高速设备,确保设备在使用中发挥效益,使科技创新转化为真正的效益,达到科技创新目的,是国家局科技创新工作的根本要求。加强卷烟工业和烟机工业的紧密合作,从设备全寿命周期技术经济综合管理的角度出发,建立完整的设备精益化使用方法,是发挥烟草行业整体优势的有效途径。

在确定专题研究方向的基础上,根据专题研究成员单位的构成、管理和技术特长,围绕国产超高速设备在使用期管理,确定专题研究的主要内容:精益安装调试管理、操作与维修人员培养、精益运行维护管理、卷包辅料技术标准及适应性调整方法、运行关键参数、状态检测管理、精益维修管理、设备综合效能评价、技术改进。

1. 研究目标

ZJ116 和 ZB48 的精益管理研究的最终目的是充分发挥设备的效能,提升设备精益管理的水平。立足于卷烟工厂使用设备的管理实际,突出设备技术状态管理和产品质量保障,总结成员单位的设备管理经验,建立完善的管理和技术标准体系,并编制《ZJ116 和 ZB48 型设备精益管理手册》,为卷烟工厂的 ZJ116 和 ZB48 型国产超高速卷接包机组设备提供管理依据。

2. 研究方法

ZJ116 和 ZB48 的精益管理的研究方法包括以下 3 点。

(1)IDOV(识别、设计、优化和验证)法:将研究对象分解为 10 大模块,针对每一模块再具体识别与设计。分阶段开展研究,动态调整工作计划。

(2)并行工程法:明确各分项活动之间的逻辑关系,尽量将可以并行交叉的工作并行交叉开展,确保各项工作有序推进。

(3)其他方法:运用关键路径法确定安装调试周期,运用 FMEA 分析制订技术标准体系,运用标准作业程序(SOPS)规范设备操作与维修作业过程,运用实验设计确定最佳的设备运行速度等。

3. 研究步骤

ZJ116 和 ZB48 的精益管理的研究步骤如下。

(1)运用关键技术路径的方法,对安装调试各环节进行研究,输出精益设备安装调试管理规范和相关技术标准。

(2)通过系统调研分析,确定设备操作、维修人员岗位能力矩阵,编制培训教材并确定培训大纲。

(3)运用失效模式与影响分析(FMEA),对设备实施零部件级分析,以保持设备运行技术条件为目标,建立包含维护保养、状态检测、润滑标准等的技术标准体系;提出设备维保模型和维修决策思路方法和路径。

(4)结合设备原理、性能和工艺要求,确定设备运行参数及调整方法等。

（5）从辅料匹配设备和设备适应辅料两方面进行研究，降低和减少材料对设备运行的不良影响。

（6）运用行业设备管理绩效评价体系思想，并借鉴行业卷烟工业企业设备综合效率测评导则，通过实验验证的方法，提出设备综合效能定义、计算公式及评价方法。

（7）加强专题研究成员单位之间的技术交流，收集整理成熟的技术改进成果，为解决技术问题提供思路和方法。

4. 研究成果

ZJ116 和 ZB48 的精益管理的研究成果如下。

（1）梳理完成了 ZB48 的参数 165 项，其中包括控制参数 150 项、监视参数 15 项。对于 150 项控制参数，该研究明确了该参数的参数作用、参数范围、失调后影响、检查方法、失调后影响、调整时机、设定方法和建议的控制权限。

（2）专题研究成果系统集成了人、机、料、法、环 5 个方面，重点是技术管理，其主要研究成果表现如下。

①建立了 ZJ116 和 ZB48 两个机型的操作工（挡车工）、机械维修工、电气维修工 3 个岗位职务说明书、岗位能力矩阵，编写了系列培训教材。

②编制了两个机型的保养标准、状态检测标准、润滑标准、自检自控装置检定标准和定期维修包、状态维修包。

③从辅料匹配设备和设备适应辅料两方面开展初步探索，收集了行业企业内的各种辅料标准与设备运行相关的物理、机械性能指标，梳理编制了《ZJ116 和 ZB48 辅料在用与建议技术指标一览表》。

④编制了设备安装调试的管理规范和主机厂、卷烟工厂的作业指导书，通过实验确定了 ZJ116 和 ZB48 型机组的最佳车速，梳理了设备参数清单。

对于参数清单确定的参数，已经将其应用于 ZJ116A 和 ZB48A 的安装调试过程和参研卷烟工厂设备的生产过程，实际工作中对其进行进一步的优化、验证。

⑤提出了设备维保模型的概念和建设思路，促进了设备技术标准体系的落地执行，编制了操作 SOPS 和维修 SOP，提升了作业质量，建立了设备综合效能计算公式和评价方法。

ZJ116 和 ZB48 的精益管理研究系统分析了整个专题的研究过程，详细分解设计了专题研究的内容。首先，从总体上识别研究范围内的所有研究内容；然后将其分解为 10 大模块，针对每一模块进行具体识别与设计；最后整合阶段性的研究成果，编制了《ZJ116 和 ZB48 设备精益管理手册》。

三、数字化转型趋势

（一）相关指导文件

烟草行业要坚定不移走高质量发展的道路，构建现代化烟草经济体系。印发的《烟草行业"互联网＋"行动计划》[8]（国烟办〔2017〕127 号）等文件，确定了烟草行业要主动顺应"互联网＋"发展趋势，有序推进烟草产业与互联网融合发展，驱动中国烟草提质增效、转型升级、创新发展的指导思想。2021 年召开的烟草行业网信工作会议提出，要以数字化转型为主线，积极推进数字技术与烟草产业深度融合，着力打造上下贯通、左右联通、内外融通的一体化烟草数字产业链供应链,为行业高质量发展注入新动能,并鼓励基层单位开展数字化创新实践等工作。

2020年9月,国务院下发了《关于加快推进国有企业数字化转型工作的通知》,就贯彻落实习近平总书记关于推动数字经济和实体经济融合发展的重要指示精神,落实党中央、国务院关于推动新一代信息技术与制造业深度融合,打造数字经济新优势等决策部署,促进国有企业数字化、网络化、智能化发展做出明确要求。2018年12月,全国工业和信息化会议在北京召开,会议指出要瞄准智能制造,打造两化融合升级版,大力推动工业互联网创新发展,继续开展试点示范和创新发展工程,深入实施智能制造工程,研制推广国家智能制造标准。

近年来,以国家局"十四五"规划的"CT-11625"数字化转型发展蓝图为根本指导,卷烟工业企业建立了较为完整的信息化系统体系架构,实施了适用于企业各层次、各专业的应用系统,实现了较高水平的系统集成。但是,与国家局高质量发展目标及网信建设"新动能、新手段、新支撑"的定位相比较,还存在数字基础设施建设不完整,数据采集共享不够充分,数据驱动作用发挥不足等问题。

"十四五"时期,卷烟企业要贯彻落实行业的网信工作部署,牢牢抓住"大平台""大数据""大安全"三大重点,努力构建以平台赋能、数据驱动、安全可控为主要特征的工业互联网平台,推动和引领企业各业务领域的数字化转型,持续推动质量变革、效率变革和动力变革,进一步激发企业的创新活力、发展潜力和转型动力;有序高效地推进基于工业互联网平台的智能工厂的建设。

1.指导思想

主动顺应"互联网+"的发展趋势,贯彻落实创新、协调、绿色、开放、共享五大发展理念,有序推进烟草产业与互联网融合发展,充分释放"互联网+"新技术力量,夯实融合发展基础,培育新模式,聚合新动能,进一步激发行业的创新活力、发展潜力和转型动力,驱动中国烟草提质增效、转型升级、创新发展,实现由一体化数字烟草向烟草产业数字经济新生态的转型。

2."互联网+"协同制造(节选)

推动互联网与烟草工业融合发展,提升工业制造的数字化、网络化、智能化水平。强化产业链各环节协同,打通市场需求、产销计划、原料供应和生产能力等关键环节,建立市场响应更快、生产周期更短、资源配置更优、产品质量更稳、能源效率更高的新型制造生态体系,培育转型升级的新动能。

(1)发展智能制造。以智能工厂为发展方向,开展智能制造试点示范。推动工业机器人、人机智能交互、物联网等技术在生产过程中的应用,推进生产装备智能化升级、工艺流程改造和基础数据共享,提高仿真优化、数字化控制和自适应控制水平。着力在工控系统、工业云平台等核心环节取得突破,加强工业大数据开发与利用,构建全面感知、物物互联、预测预警、在线优化、精准执行的智能制造体系。

(2)提升网络化协同制造水平。促进工业制造与产业链各环节紧密协同,鼓励探索众包设计研发和网络化制造等新模式,提高在线协同研发能力、快速定制设计能力、研发制造一体化能力。鼓励企业间探索制造资源与制造能力协同的交易模式,推进设计研发、生产制造和供应链管理等关键环节柔性化改造,提供云制造服务,促进创新资源、生产能力、市场需求的集聚与对接,发展面向制造环节的分享经济,提高快速响应市场和高效供给能力。

(3)加速制造业服务化转型。鼓励利用物联网、云计算、大数据等技术,整合产品全生命周期数据,开展面向生产组织全过程的决策信息服务,为产品优化升级提供数据支撑。鼓励利用移动互联、大数据分析等技术,提升与消费者的互动能力,开展多样化消费者研究工作,更加深入、精准地把握消费行为和引领消费需求。鼓励基于互联网开展故障预警、远程维护、质量诊断、远程过程优化等在线增值服务,拓展产品价值空间,实现从制造向"制造+服务"的转型升级。

(二)数字化建设情况

近年来,尤其是"十二五"后,卷烟工厂以技改为契机,设备自动化水平和信息化水平取得了长足进步。行业内先进的卷烟工厂都从不同角度对设备数据应用进行了卓有成效的探索和实践,提升了行业设备精益管理的水平。数字化建设情况的案例如下。

(1)玉溪卷烟厂积极构建"1346"精益生产推进模型,2015年4月27日,玉溪卷烟厂顺利通过工信部组织的第一批"两化融合"管理体系现场评估审核,成为目前唯一一家通过该项审核的卷烟工厂。

(2)上海卷烟厂积极推进"工厂探索建立起生产工艺设备协调机制",以全面开展深层次的数据应用为主线,围绕平台、数据、工具、团队等打造专家型数据分析队伍,逐步实现生产的简化、优化、精益化。

(3)在设备操作及维修方面,曲靖卷烟厂对设备进行了3D建模,利用3D可视化技术对生产过程进行虚拟仿真,基于设备底层控制系统的实时数据采集、设备运行数据与3D模型的有效关联,建立维修经验库,实现设备故障预警和设备操作、维修的标准化,并通过与ERP、MES系统的综合集成应用,实现设备及零备件的全生命周期管理。

(4)安徽中烟工业有限责任公司合肥卷烟厂积极开发智能平台,努力通过应用大数据的"'智'点迷津",提高效率。他们依托大数据的力量,将生产一线的"千条线"连接起来,进行分析运用,指导作业生产,使工厂生产更高效。

(5)杭州卷烟厂致力于实现卷烟生产从原辅料供应源头到卷烟产品最终消费的全生命周期管理;通过卷烟全供应链的全物料单件批次追踪与溯源关键技术及应用,导入精益管理理念,可以全面分析、预防、消除产品全过程的差错,为追求质量零缺陷、生产全机动奠定了坚实的基础。

(6)青岛卷烟厂以消化吸收各种先进管理模式为基础,始终将保持设备技术状态和运行效能最佳作为设备管理精益化的落脚点,摸索出拟机为人、以人促机、人机和谐的设备"六精"管理理念。

(7)在机器学习应用方面,济南卷烟厂使用神经网络算法,对生产设备进行数学建模,有效地模拟、仿真了生产过程,找出了各输入参数对生产过程的影响,实现了对工艺保障能力的评价。

(8)目前,宁波卷烟厂在的设备管理智能化方面主要做了两方面的探索:一是制丝车间针对一个工艺段做了"黑灯车间"智能化研究和试点,实现了生产过程的全部自动化,达到了无人值守的效果;二是卷包车间针对高速卷烟机进行了基于振动的状态监测应用。

设备管理智能化技术应用与探索的具体方向是基于自动化数采数据和健康评价的技术,对设备智能化维修建设进行规划,并结合绩效评价体系、对标体系、健康评价等的应用,以烟草行业的设备健康评价体系为核心,构建智能化维修决策模型。

第二章 主旨思想和体系构建

第一节 RCM 可靠性维护体系

一、RCM 发展背景

RCM(Reliability Centered Maintenance)是目前国际上通用的,用以确定资产预防性维修需求、优化维修制度的一种系统工程方法。它的基本思路是对系统进行功能与故障分析,明确系统内各故障发生的后果;用规范化的逻辑决断方法,确定各类故障后果的预防性对策;通过现场故障统计、专家评估和定量化建模等手段,在保证安全性和完好性的前提下,以维修停机损失最小为目标,优化系统的维修策略。

RCM 的目的是通过分析设备故障原因,采取适当的维护策略来确保设备的最佳性能。RCM 方法通常包括以下 5 个步骤。

(1)设备的识别:确定需要进行 RCM 分析的设备。

(2)设备的功能分析:确定设备的功能要求,并识别故障模式。

(3)故障模式的评估:评估故障模式的影响,并确定关键的故障因素。

(4)维护策略的确定:根据评估结果,确定最适合的维护策略。

(5)实施和评估:实施维护策略,并对其进行评估,以确保它是最佳的。

二、RCM 的概念与意义

RCM 认为,一切维修活动归根结底是为了保持和恢复装备固有的可靠性水平。以可靠性为中心的维修分析(RCMA)就是按 RCM 的理念确定资产维修需求的一种过程。根据有形资产的故障后果,保证最少的维修资源消耗,运用逻辑决断分析的方法来确定所需要的维修产品和项目、维修工作类型或维修方式、维修间隔期和维修级别,制订出预防性维修大纲,从而达到优化维修的目的。

预防性维修大纲是资产预防性维修的汇总文件,可以理解为一套预防性维护计划体系。预防性维修大纲在不同行业的表现方式是不同的,例如,轨道交通行业称之为检修规程,烟草行业称之为维保标准体系,钢铁行业一般将其纳入点检定修四大标准体系。它包括需要进行预防性维修的项目、项目的预防性维修工作类型及其维修间隔,实施预防性维修工作的维修级别等。

维修资源是指为完成预定的维修工作所需要的保障设备、备件、维修人力及技术等级、工装、设施等。

RCM 的主要作用是确定预防性维修大纲,并根据维修大纲中所规定的维修工作,合理安排维修资源。

RCM 具有广泛的应用范围。RCM 起源于美国民航界和军事装备,目前,RCM 的应用领域已涵盖了航空、轨道交通、石油化工、生产制造等各行各业。

实践证明,RCM 技术如能被正确地应用到现行的维修中,在保证生产安全性和设备可靠性的前提下,可将日常的维修工作量下降 40%～70%。

三、RCM 对传统维修理念的变革

传统的计划性定期维修理念主要是基于寿命相关的故障模式(如表 2.1 所示,符合浴盆曲线 A 和 B)而采取的维修策略,通常与零部件(最常见的是轴承、传动等装置)的直接磨损、疲劳、老化、腐蚀、氧化和蒸发有关[9]。

表 2.1　6 种故障模式

类　型	故障率特性	在复杂系统(如飞机)故障中的比例	相　关　性
A	浴盆曲线,为 2 种或 2 种以上类型的组合	4%	与使用年限有关(TBM 有适用性)疲劳 腐蚀 氧化
B	故障率恒定或逐渐增大,最后是耗损区	2%	
C	故障率缓慢增加,没有明显的耗损工龄区,可能原因为疲劳	5%	
D	新或刚出厂时故障率低,以后迅速增加到一个较稳定的水平	7%	与使用年限无关(TBM 不适用)
E	整个寿命期内故障稳定,随机故障,难以进行状态监测	14%	
F	早期损坏率较高,后期故障率逐渐下降到一个稳定的水平上 其早期故障原因是制造、安装、调试不当	68%	

故障模式 A 和 B 都存在一个时间点,在这个时间点之后故障概率快速增长。因此这类故障模式呈现出比较规律的时间周期性,对这类故障采用计划性的定期维护是适合的。

但是,对复杂的机电一体化装备和智能化的设备,故障模式呈现出随机性和偶然性,如表 2.1 所示,大部分的故障模式并不符合浴盆曲线,例如:模式 C 显示了故障概率的稳定增加,但没有明显的磨损区;模式 D 显示设备故障概率迅速增加到恒定或具有非常缓慢的增长趋势;模式 E 显示故障概率从始至终基本恒定,没有明显的变化;模式 F 从高故障率开始,下降到恒定或具有非常缓慢的下降趋势。

因此,RCM 理论是对传统的定期维修理念的变革,其主要体现为以下 6 个方面的不同。

(1)定期维护(检修、更换),对复杂设备的预防几乎不起作用,但对以耗损型故障模式为支配地位的产品有预防作用。

传统的维修观念认为,设备故障的发生、发展都与时间有直接的关系。定时维护适用于所有的设备类型和工艺特点。

RCM 认为,只要做到机件随坏随修,则设备故障与使用时间一般没有直接的关系,应尽量用先进的检测手段进行原位检测和监控。这在很多情况下可以代替传统的离线检查,定期维护并不是应对故障的普遍适用的有力武器。

(2)以合适的间隔对产品的潜在故障进行检查和维护,可使设备在不发生功能故障的前提下得到充分的利用,达到安全、环保、可靠、经济的目的。

在传统的维修观念中无明确的潜在故障的概念。所谓的视情维修,就是随坏随修,即修复性维修。如果定时维修和基于潜在故障这一概念的视情维修二者在技术上都可行时,采取定时维修。

RCM 提出了潜在故障(缺陷、隐患)的概念。视情维修是根据潜在故障发展为功能故障的时间间隔来确定的。当定时维修和视情维修二者在技术上都可行时,一般采取视情维修。

(3)检查并排除隐蔽功能故障是预防多重故障严重后果的必要措施。

在传统的维修观念中无隐蔽功能故障的概念,没有明确隐蔽故障与多重故障之间的关系,并认为多重故障的严重后果是无法预防的,只能进行事后维修。

RCM 提出了隐蔽功能故障的概念,重视隐蔽故障与多重故障的关系,并认为多重故障的严重后果是可以预防的,至少可能将多重故障的风险降低到一个可接受的水平。

(4)有效的预防性维修工作能够以最少的资源消耗来恢复和保持产品的固有可靠性水平,但不可能超过其固有水平,除非改进设计。

传统的维修观念认为,预防性维修能弥补固有可靠性的不足,并能提高固有可靠性水平。设备经过翻修后,产品就可靠;到了时间如不翻修设备,产品就不可靠。

RCM 认为,预防性维修不能弥补固有可靠性的不足,不能提高固有可靠性水平,只能恢复和保持产品的固有可靠性水平;不必要的定期维修工作只能是增加装备的维修费资源消耗,并引入人为的早期故障,降低装备的安全性与使用可靠性。

(5)有效的预防性维修工作能降低故障发生的频率,但不能改变其故障后果。只有通过改进设计,才能改变故障的后果。

传统的维修观念认为,预防性维修不仅能避免故障的发生,还能改变故障的后果。

RCM 认为,有效的预防性维修可以降低故障发生的频率,但难以避免故障的发生,不能改变故障的后果,只有通过改进设计才能改变故障后果。

(6)只有在故障后果严重(有安全性、环境性、使用性或经济性影响)而且所做的维修工作技术可行又值得做时,才做预防性维修工作,否则就不做预防性维修工作,但对有严重后果的故障模式应权衡考虑更改其设计。

传统的维修观念认为对可能出现的任何故障都要做预防性维修工作。

RCM 认为,对任何只增加维修费,不能提高产品使用可靠性的维修工作不予考虑。同时还认为,根据故障后果确定维修工作比预防故障本身更为重要。

随着 RCM 理念的形成,设备维修理念经历了质的变革,这种变革又促进了维修技术和管理模式的变革。

四、RCM 过程

国际电工委员会(IEC)发布的 SAE JA1012《以可靠性为中心的维护(RCM)标准指南》完善了 SAE JA1011《RCM 过程的评价标准》中列出的标准。SAE JA1011 是在 1999 年形成的标准草案,该标准给出了正确的 RCM 过程应遵循的准则。如果某个维修大纲的制订过程满足这些准则,那么这个过程就可以被称为 RCM 过程;反之,则不能称之为 RCM 过程。

任何 RCM 过程都必须按顺序回答下列 7 个问题。

(1)资产的功能是什么,与之相联系的预期性能标准是什么?(功能)

(2)设备以怎样的方式不履行其功能?(功能故障)

(3)每一个功能的故障是由什么引起的?(故障模式)

(4)每一个故障发生时,会出现什么情况?(故障影响)

(5)各故障在什么情况下至关重要?(故障后果)

(6)做什么工作才能预计或预防各种故障?(主动性维修工作和维修工作间隔)

(7)找不到适当的主动性维修工作时,应怎么办?(缺省工作)

如果不能按照上述顺序的所有问题给出定义,那么,这种过程就不是 RCM 过程,所用的方法也就不是 RCM 方法。

真正的 RCM 过程对设备的功能、功能故障、故障模式及影响,必须有清楚明确的定义。因此,首先必须通过故障模式及影响分析(FMEA)对设备进行故障失效模式分析,列出其所有的功能及其故障模式和影响,并对故障后果进行分类评估;然后根据故障后果的严重程度,按照安全、环保、可靠、经济的原则,对每一故障模式做出是采取预防性措施或是不采取预防性措施而是待其发生故障后再进行修复的决策。

如果采取预防性措施,应选择哪种维修工作类型。RCMA 对故障后果的评估分类和预防办法的选择是依据逻辑决断图来进行的。

五、RCM 工具方法

(一)80/20 法则

80/20 法则又称为帕累托法则,是建立在"重要的少数与次要的多数"原则的基础上,按事情的重要程度编排优先次序的准则。这个法则是由 19 世纪末 20 世纪初的意大利经济学家兼社会学家维弗利度·帕累托提出的。它的内涵是,在任何特定群体中,重要的因子通常只占少数,而不重要的因子则占多数,因此只要能控制具有重要性的少数因子即能控制全局。运用该法则,可以指导确定设备管理的重点对象、重点部位和重点环节。

(二)ABC 分类法

ABC 分类法也称主次因素分析法,是项目管理中常用的一种方法。ABC 分类法是根据事物在技术、经济方面的主要特征,进行分类排列,从而实现区别对待、区别管理的一种方法。ABC 法则是帕累托 80/20 法则衍生出来的一种法则。两者的不同之处在于,80/20 法则强调抓住关键;ABC法则强调的是分清主次,将管理对象划分为A、B、C3类,明确管理重点对象。

(三)层次分析法

层次分析法(Analytic Hierarchy Process,AHP)是由美国运筹学家、匹兹堡大学的教授T. L. Saaty在20世纪70年代初期提出的,它是对定性问题进行定量分析的一种简便、灵活而又实用的多准则决策方法。其特点是把复杂问题中的各种因素划分为相互联系的有序层次,使之条理化;根据对一定客观现实的主观判断结构(主要是两两比较),把专家意见和分析者的客观判断结果直接而有效地结合起来,将同层次元素两两比较的重要性进行定量描述;利用数学方法计算反映每一层次元素的相对重要性次序的权值,根据所有层次之间的总排序计算出所有元素的相对权重并对其进行排序。

层次分析法的特点是,在对复杂决策问题的本质、影响因素及其内在关系等进行深入分析的基础上,利用较少的定量信息使决策的思维过程数学化,从而为多目标、多准则或无结构特性的复杂决策问题提供简便的决策方法。该分析法尤其适合于对决策结果难以直接准确计量的场合。

(四)矩阵图法

矩阵图法(Matrix Diagram)是利用数学上矩阵的形式表示因素间的相互关系,从中探索问题所在并得出解决问题的方法。在复杂的问题中往往存在许多成对的因素,将这些成对因素找出来,分别排列成行和列,其交点就是其相互关联的程度,在此基础上再找出存在的问题及问题的形态,从而找到解决问题的思路。

常见的矩阵图有L型、T型、Y型、C型、P型等类型,针对专题研究面对的设备重要程度排序问题,可以选择使用L型因果矩阵,得出设备ABC分级结果。

(五)标准作业程序(SOP)

SOP(Standard Operation Procedure)即标准作业程序(标准操作程序),是将某一事件的标准操作步骤和要求以统一的格式描述出来,对关键控制点进行细化和量化,用来指导和规范日常的工作,是精益管理的主要工具之一。标准作业程序主要包含作业标准、工时、顺序、手持和安全注意事项等5项要素。

(六)失效模式和影响分析(FMEA)

失效模式和影响分析(Failure Mode and Effect Analysis,FMEA)是一种预防措施策划工具。其主要作用是发现、评价产品/过程中潜在的失效及其后果,找到能够避免或减少潜在失效发生的措施并且不断完善。2006年,国际电工协会(IEC)公布FMEA国际标准:IEC 61802—2006。2012年11月5日,国家标准化管理委员会发布了《系统可靠性分析技术——失效模式和影响分析(FMEA)程序》(GB/T 7826—2012)。借助FMEA工具,逐一分析设备功能单元的失效模式,根据RPN值确定设备健康风险点并进行分级。运用分析结果,指导编制设备维修技术标准、设备维护保养标准等,提高技术标准的科学性、系统性。

单个设备会因为很多种原因而发生故障。而像生产线这样复杂的设备或系统,发生故障的原因更是可达数百种,然而,描述完所有故障模式是不可能的。描述故障状态和导致功能故障事件之间的联系与区别的最好方法就是,首先列出资产的功能、功能故障类型,然后记录导致每一功能故障的故障模式,最后确定故障模式。

(七)逻辑决断图

符合 SAE JA1011 标准的所有 RCM 逻辑决断方法都基于这样的一个假设,即先处理安全性和环境性后果,再处理经济性后果。本节的逻辑决断图还包含了另一个假设,即总有些故障管理策略的效率比其他的要好。

依据以上假设,将逻辑决断图分为故障后果和故障管理策略两个层次。鼓励 RCM 过程分析人员在技术可行和值得做的那一层次(故障管理策略)选择定时视情工作这一故障管理策略。

RCM 所有有效的逻辑决断方法均假设,故障管理策略首先将具有安全性和环境性后果的故障模式处理妥当,然后再将具有经济性(使用性和非使用性)后果的故障模式处理掉。在大多数情况下,这种假设是有效的,但这种假设并不适用于所有的情况。广州大学的李葆文教授将选择维修策略的逻辑决断图,归纳总结为一个通俗易懂的示意图,如图2.1 所示。

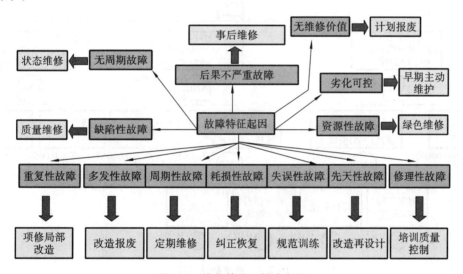

图 2.1　维修策略逻辑决断图

(八)故障树

故障分析经常用到一个方法是故障树分析法(Fault Tree Analysis,FTA),故障树分析法又称为事故树分析,是安全系统工程中最重要的分析方法,事故树分析是从一个可能的事故开始,自上而下、一层层的寻找顶事件的直接原因和间接原因事件,直到基本原因事件,并用逻辑图把这些事件之间的逻辑关系表达出来。也就是说,故障树分析法是最先选中某一危害较大的系统异常作为顶事件,随后将导致系统异常的缘故逐级分解为正中间事件,直到把不可以或不用溶解的基本事件作为底事件,这样就得到了一张树形结构逻辑图,称之为故障树。

故障树分析法是由美国贝尔电话研究所的沃森(Watson)和默恩斯(Mearns)于1961年初次明确提出并运用于分析基于民兵式导弹发射自动控制系统的。之后,波音公司研制开发出故障树分析法测算程序流程,这意味着故障树分析法进入了航空行业。我国于2009年发布了FTA的国家标准GB/T 4888—2009《故障树名词术语和符号》。

故障树分析法可以使用"Reliability Workbench"" RAM Commander ""Fault Tree"等工具软件进行测算使用。

扩展阅读

北京地铁某线路故障树分析实例

故障树作为可靠性、安全性分析的重要方法,在轨道交通设备厂商的产品设计中得到了广泛应用。本示例中以司机没有限制最大速度为顶事件,进行故障原因分析,以评估故障对系统的影响。基于 RAM Commander 软件,建立了如图2.2所示的故障树。

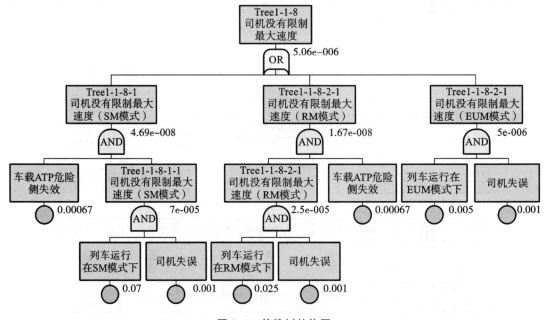

图 2.2　故障树结构图

上述故障树展现了各种模式下的司机没有限制最大速度的情况,分析了各个中间事件的直接和间接原因,从而建立了导致顶事件即司机没有限制最大速度的组合原因,并考虑了各个底事件发生的概率等定量参数。

通过输入基本数据,即各个底事件如车载 ATP 危险侧失效、列车运行在各个模式下、司机失误等的发生概率,故障树可以自动实现对计算顶事件发生概率、最小割集、不可用度曲线等的分析,如顶事件结果和最小割集。

通过故障树分析,得到了预期故障次数曲线等相关的定性和定量分析结果,如图 2.3 所示。

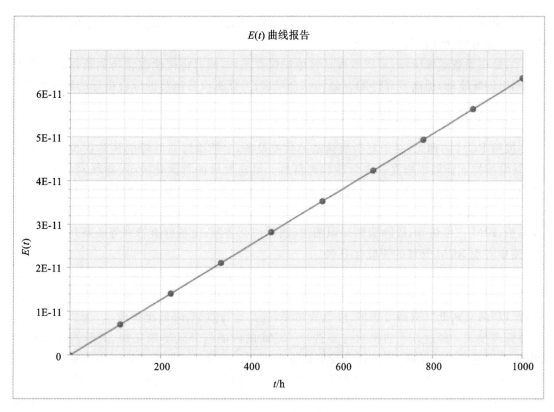

图 2.3 故障次数曲线

第二节 S-RCM 可靠性维护模式

一、S-RCM 的提出

长期以来,宁烟(宁波卷烟厂)高度重视设备管理工作。在国家局、中烟机的大力支持下,宁烟结合行业对设备精益管理、智能工厂建设等方面的指导意见,聚焦"互联网＋生产制造",以技改为契机,积极促进两化深度融合,实现了生产过程的数字化,物料的自动输送,产品质量的自动检测,状态数据的自动采集。宁烟以智能驱动,创新设备管理模式,不断推动设备精益管理的持续改进;探索具有自感知、自学习、自决策、自执行功能的生产维护模式,推动工厂从传统模式下的业务提升到创新模式下的业务变革的跨越升级。

宁烟推行了以可靠性为中心的维修模式(RCM),把智能化作为设备管理的手段,注重可靠性管理与智能化技术的有机融合,搭建了具有宁烟特色的设备精益管理体系。

(一)坚持把可靠性管理贯穿设备全生命周期

RCM认为设备的固有可靠性决定于前期设计制造环节,使用期的预防性维护只能保持而不能提高其可靠性。因此,宁烟将可靠性要求贯穿了设备全生命周期管理。

一是在设备选型阶段,即从人、机、料、法、环五个维度的综合可靠性出发,制定了全局、全过程、全要素的选型标准。统筹考虑设备配置的均衡、前后工序的匹配、规模生产与安全防护的兼顾、复杂工艺与简化设计的平衡,以及物理层、控制层、管理层的一体化防差错设计,为设备可靠性管理奠定了基础。

二是在设备运维阶段,不仅重视日常维护保养工作,同时将持续改善与创新作为重点工作,利用创新驱动,提高零部件的寿命和综合可靠性,促进设备运行的综合指标的稳步提升。

(二)坚持把智能化作为设备管理的手段

按照 RCM 的理念,对于复杂而精密的数控设备,定期维修对故障的预防代价高而作用小,视情维修比计划维修更具科学性和经济性。高速发展的智能化装备、物联网技术、数据处理能力为宁烟的 RCM 量化管理铺垫了基础,也使故障逻辑决断和维修决策实现智能化成为可能。为此,宁烟制定了四个转变的提升策略,从底层的全面数采着手,逐步构建三级智能巡检、BIM 三维仿真、故障诊断知识图谱、图像识别监测、设备健康管理等一系列新应用平台,逐步实现 RCM 管理的智能化升级。

智能化技术的应用使宁烟逐步走出了一条从传统的 RCM 向数据驱动的 S-RCM(Smart RCM)升级的路径。S-RCM 是以可靠性为中心、以智能化为手段、涵盖设备全生命周期管理过程、以"两高两低"(提高可靠性、降低故障率,提高运行效率、降低维护成本)为目标的设备精益管理模式。经过几年的摸索与实践,S-RCM 的内涵与外延不断拓展,其管理主线逐渐明确,建设途径更为清晰,逐渐提升发展成为数据驱动的设备可靠性维护闭环体系。

S-RCM 的管理主线由 4 个关键环节构成:一是前期管理,利用仿真进行设备可靠性设计与建模;二是状态监测,实施全面数采,进行状态可靠性监测与分析,依据故障诊断和健康评价进行维修决策;三是科学运维,优化维修策略,减少过度维修,细化成本控制,实现精益运维;四是迭代提升,结合可靠性评价体系和绩效评价体系的建设,将他机类比、技术创新机制常态化,根除设备缺陷和隐患。

二、S-RCM 的框架构成

S-RCM 设备可靠性维护模式的框架设计为:顶层以可靠性目标驱动,采用 RCM 管理工具和 TPM 精益管理工具的管理策略;以数据管理和智能化为能力支撑,建立设备全寿命的可靠性管理业务和流程;以资源保障和监测改进为两翼支柱;采用 RCM 的实施方法。

该管理模式主要由以下 7 个管理要素构成。

(1)管理目标:提高可靠性、降低故障率,提高运行效率、降低维护成本。

(2)管理策略:融合 TPM 精益管理、RCM 可靠性管理、ISO 55000 全寿命管理 3 个体系的理念和方法,构成管理工具与方法库。

(3)数字化转型途径:强化数据驱动,推进设备数据的管理与应用,逐步实现智能化和智慧化管理。

(4)资源保障:由 4 项基础管理构成,包括维修组织和流程、备件物资管理、基础数据管理、技术标准体系等。

(5)监测和改进体系:由 3 项评价机制构成,包括可靠性评价体系、绩效评价体系、TPM 现场改善机制构成。

(6)核心业务主线:前期管理、维保模式、状态检测、成本管控 4 个环节的业务是 S-RCM 的管理重点和核心,如图 2.4 所示。

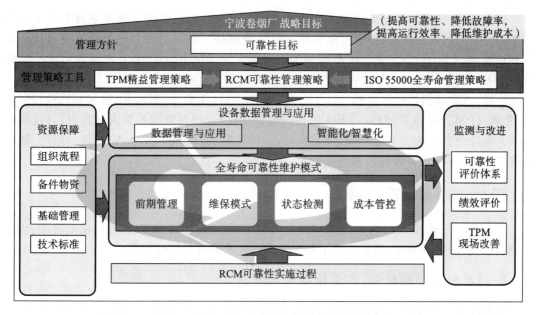

图 2.4 S-RCM 设备可靠性维护模式架构

（7）实施方法与路径：按照 RCM 要素的要求，借鉴设备健康管理的研究成果，形成 S-RCM 模式落地实施的具体步骤与方法。

三、S-RCM 运行机理

S-RCM 本质上还是一种数据驱动的设备精益管理的体系，其主要目的是融合 RCM 理念、TPM 工具、绩效评价等精益工具和方法，加大管理创新和技术创新的力度，夯实现场管理基础，对现有设备管理体系进行优化和提升。S-RCM 的运行机制可以概括为精益十字"一纵一横"两条主线，如图 2.5 所示。

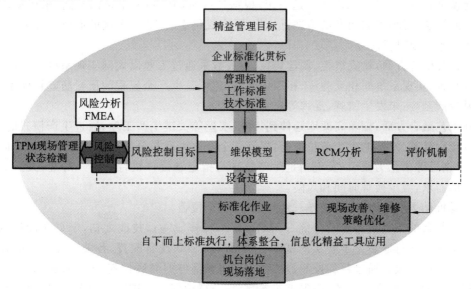

图 2.5 S-RCM 设备管理精益化运行的主线

一纵:综合管理体系标准化建设。标准落地,体系整合,对综合管理体系自上而下分解落实,在岗位、机台层面进行执行,形成标准化作业承接。精益管理和标准化建设通过企业贯标过程,自上而下,各类管理标准和技术标准落实到基层班组层面,针对岗位形成一套整合的 SOP 作业标准和任务,融合到机台岗位的具体作业过程中。

一横:风险识别与控制过程。以 TPM 现场管理 6H 为源头,衔接 RCM 设备风险控制过程,形成 TPM 持续改善闭环。TPM 的现场改善"6H"是精益管理的源头和起点,通过风险识别与风险分析转化为 5 类风险(质量风险、故障风险、物耗成本风险、安全环境风险、能耗风险),在 S-RCM 设备维保过程中进行统一风险控制。

四、S-RCM 管理实践

宁波卷烟厂通过"四个转变"(局部向全局转变、预防向预知转变、充分向精准转变、传统向创新转变)的提升策略,逐步构建了基于智能化技术的可靠性管理模式。

(一)局部向全局转变,夯实设备智能基础

以技改为契机,设备选型从传统的局部寻优向全局的综合最优转变,提高系统的可靠性。

1. 引入三维仿真技术,实现工厂设计、安装和设施维护的可视化管理

根据两千多张施工图纸,构建起三维建筑信息模型(BIM),涵盖建筑、结构、暖通、给排水、动力、强弱电、工艺等 20 余个专业,为设计验证、现场安装、运行维护提供效率支撑。

2. 注重工艺设备的优化布局,构建物流线路和生产组织的柔性化格局

一是建设柔性物流,推动库区融合、系统融合、工艺融合。

在库区融合方面,半成品烟丝和成品烟丝高架库采用统一的仓储管理系统、统一的货架存储区域和统一的 EMS 小车调度系统,把关键资源集中到"共享池"中。根据工艺配方、生产调度的需求,合理调配资源,实现库区融合、逻辑分离、柔性支撑。烟丝高架库按照物料类型及出入库效率分区存放,利用生产间隙整理库存,使库区达到每小时 800 箱的出入库能力。建设全长约 800 米的 EMS 输送系统,根据各区域烟丝箱需求量的不同,采用动态优先级调度的算法,对小车的调度策略进行优化,可完成每小时 1300 余次的取放货任务,保证各区域烟丝箱的及时供应。

在系统融合方面,物流集控、制丝集控、卷包数采通过工业以太网实现系统互联,通过数据交互平台,实现系统间相互验证、相互锁定,构建覆盖生产全流程的质量防差错体系,2016 年 6 月投产至今,未发生错牌、混牌等质量事故。

在工艺融合方面,烟丝高架库延伸到掺配、喂丝等关键生产工序,通过生产模式的定义、多元的流程计算、统筹的生产节拍控制,保证了全配方生产与分组加工的有序切换。以批次号、烟丝箱号等信息为索引,实现指定生产批次与指定卷接包机台的一一对应,灵活响应生产调度的需求,减少换牌时间和风险。

二是推动柔性生产,实现制丝三线打通、卷包全覆盖。

三线打通的关键是实现设备统一,参数统一,操作统一。技改之初,宁烟在设备选型与布局上就为三线打通奠定了坚实的基础,主机设备、辅联设备配置、各关键工序间的输送距离三线均保持一致。通过各类控制器件和关键机械部件的彻底排查,确保控制参数统一;通过数据采集源头、频率的一致,确保工艺参数统一;持续修订关键岗位的 V-SOP,细化操作流程,确保操作统一。

卷包工序滤棒交换站可全覆盖所有卷接机,条烟输送系统可全互通所有包装机,并通过创新改进,增强设备对高档牌号的生产兼容性,使高速卷接机也能实现生产从低到高所有规格的产品。

制丝工序已实现在产品牌的全规格打通,卷接包工序实现了高、中、低档牌号的全覆盖,为公司设备、产能的一体化管理和智能化调度创造了有利条件。

(二)预防向预知转变,探索设备智能维修

通过状态感知提高设备运行的透明度,利用数据分析推动设备维修方式向智能化转变。

1.广泛应用物联网技术,实现设备状态的全面感知

一是探索感知技术的全面应用。通过新增传感器如热电偶的“触觉”、气体检测的“嗅觉”、图像识别的“视觉”、振动频谱监测的“听觉”、油液分析的“味觉”等破除设备状态数据采集的盲区,进行实时的仿生感知。在主要设备上部署了10万余个实时监控数据采集点,建立了数入一库、一数一源、数出一门的实时数据库,实现数据的统一集中管理。

二是广泛应用RFID识别技术。在烟丝箱、滤棒塑格、糖料罐、成品托盘等物流设备上,采用电子标签存取物料代码、产地、生产批次、物料重量等信息。通过工业控制环网,把实时任务信息和设备运行信息同时反馈给集控系统。实现物料和成品从生产、质检、仓储到运输等物流各环节的信息采集与跟踪管理,达到全程可视化、安全可监控、质量可追溯、效率可计量的目标。

2.应用智能诊断技术,探索设备预知维修

一是以烘丝段为试点,开发设备参数在线预警系统。为了突破人工巡检的局限性,可以在关键设备上加装振动、温度等在线传感器,使断续的人工诊断转变成连续的在线诊断,实现对设备实时状态数据的全天候掌握。根据实时数据,通过时域、频域分析,建立故障诊断模型,实现设备的实时监视预警,并结合专家诊断系统等手段,进行预知维修,提前排除潜在的故障隐患。

二是与上海烟机合作部署设备健康状态监测系统。在ZJ112/ZB47机型上部署了设备健康状态监测系统,采集振动、油液、温度等状态信息,覆盖传动、润滑、风机等关键部位,包括卷接机VE大风机、SE刀头、MAX第二传动箱等8个监测点位以及包装机主电机联轴器、一号轮前端、五号轮前端等13个监测点位。通过识别故障发生的特有频率和零件的劣化过程,进行随机森林算法分析,建立该故障的特征模型。当类似故障再次发生前,系统就能够更早、更精确地进行识别。系统自投入运行以来,成功预警了烟支推进器传动系统等故障,使车间能够提前发现并解决问题。

三是初步构成三级智能化巡检方式。现场层面点巡检全面利用RFID技术,使用移动终端,录入内容可直接上传至设备管理系统;工控层面点巡检是在设备、生产监控信息系统中植入自动巡检程序,通过实时扫描比对,完成自动化的设备参数数据自检,故障报警可直接推送至电子看板;工段层面点巡检则通过实时的图像、影像识别比对,进行智能化实时巡检,异常情况可通过集控系统呈现,同时将相关内容推送至相关人员,力求打造无人值守工段。

(三)充分向精准转变,降低设备运维成本

通过精益维保、精准供给、精确保障,避免过度维修和充分供给而产生的不必要的浪费,从而实现对设备运维成本的精益控制。

1. 推行视情维修,实施精益维保

卷包工序是按照时间轴、纵向深度轴和横向广度轴进行维保策略优化的,将设备的基本保养点、重点保养点与设备状态进行有机结合,从而使得设备的保养不是单纯的简单拆装清洁,而是按照巡检、告警结果去动态调整的维保项目,并适应同种设备的不同性能状况。在时间轴上利用停产时间对重点机组进行深度保养;在纵向深度轴方面,除了维护保养规程中的例行项目外,还增加了动态隐患排查;在横向广度轴方面,增加了外挂装置维保,并结合6S开展环境整治工作。

制丝车间借助全面的数据采集反馈进行三线同质化维保,即按照制丝集控系统反馈的设备状态实时参数,对三线设备参数的一致性和SD波动进行纵横比对,对发现的不一致性差异和异常隐患进行针对性的维护保养。

2. 以生产工单为依据,实现动力能源的精准供给

一是事前预测能源消耗,实现按需求供能。能源供应策略以生产计划为纲,通过MES数据交换平台,获取生产计划工单,结合品牌工艺参数和设备历史数据,获得该工单的各类能源需求,并在此基础上制订能源供应计划。目前,宁烟根据生产批次、气象数据、设备运行效率等因素,进行动能需求测算,基本实现了对能源用量、设备开机台数和开机时间等的预测。

二是事中监控生产运行,做到灵活调整。建立全流程的监控系统,使能源管理系统能够依据生产设备运行情况、批次执行进度、班次轮转、区域环境变化等信息,动态调整供能。构建工艺流程—报警推送—决策支撑的一体化管控平台,实现对关键设备的信息展示、潜在风险的预警推送、已发事件的实时报警和应急措施的及时启动。

三是事后开展多维分析,促进流程优化。紧紧围绕批次信息,从能源种类、部门、设备、品牌、工单、时段等多维度对能源消耗进行事后分析。结合分布式计算对能源质量、能源消耗、设备效率进行数据挖掘,寻找能源质量不达标因素、设备效率不稳定因素和能源消耗波动因素,从而促进能源供应业务流程的持续优化。

在工艺空调面积翻倍、产量增加18.58%的前提下,宁烟的能源消耗总量较技改前减少了343.76吨标准煤,减少幅度达到3.33%,呈现出能耗总量增长速率明显小于产量增长速率的良好态势。

3. 推进备件精益管理专项课题,实现备品备件的精确保障

一是通过内外联动降低备件库存成本。工厂内部通过备件虚拟同库管理、制订实施《降低备件库存实施方案》,定期进行库存盘点和比对分析。通过技术创新,延长了膨胀烟丝浸渍器密封圈等易耗件的使用寿命。外部通过与兄弟烟厂开展备件互通拆借、与烟机公司建立备件寄售机制,盘活备件资源,有效地降低了备件的库存。

二是通过采耗同控方法加强备件精细管理。为了适应备品备件间断性需求的特征,以及突破有比无好、多比少好的传统思维,根据备件采购、耗用等实际信息,探索应用灰色理论、威布尔分布等算法,预测备件需求,实施采耗同控的方法,既能保证备件可用度,又能避免库存过多过久造成的无谓浪费,提高管理的精细化水平。

截至2018年10月底,宁烟的备件库存资金同比降低了11%,且同期因缺件导致的停机损失并未增加。

(四)传统向创新转变,提升设备管理绩效

坚持以人为本和以绩效导向,并依托于智能创新平台,广泛开展创新实践,提高设备管

理的效率和效益。

1. 搭建创新实践平台，孕育创新成果

一是以创新平台为主要载体，培育设备管理人才梯队。围绕智能工厂建设、智能化技术应用，搭建"国家级技能大师工作室""创新工场"等创新平台，创新虚拟项目模式，开展技术攻关。建立精益人才育成体系，鼓励青年员工参与创新，逐渐形成 70 后领方向、80 后成主力、90 后为储备的"雁形"技术队伍架构，实现技术的传承、共享。

二是积极开展项目攻关，加强创新成果的转化应用。围绕智能制造，组建设备、生产、工艺等业务小组，对工艺质量 SPC 预警、以重量控制系统为核心的多级预警等研究课题进行重点攻关。近两年，各个领域的重点科技项目、质量改进项目共有 194 项，"微创新"1497 项；专利授权 132 项，其中发明专利 36 项，发表论文百余篇；《数字化卷烟工厂建设方案与规划研究》等 10 余个项目获得了省部级以上奖项。其中，装箱站烟箱带式称重系统、柔性化条烟输送系统等创新项目在行业内得到了推广应用。

2. 坚持绩效管理导向，提升效率效益

一是通过隐患根除等方式提高设备运行效率。在卷包工序方面，对高速、超高速机组进行了重点研究，开展了 30 余项制度创新与技术创新，解决了部分机型搓板堵塞、烟支夹末等技术难题。到 2018 年 10 月，ZJ112、ZB47 的运行效率分别为 98.76％、89.78％，ZJ116/ZB48 型机组的运行效率为 100.17％。在制丝工序方面，针对因小仓柜铺料行车电机过载报警引起的生产中断、高掺配比例牌号烟丝换柜分配行车堵料等关键环节的设备问题，开展了深入研究，攻克了技术瓶颈。截止到 2018 年 10 月，制丝设备故障停机率为 0.229％。

二是持续开展岗位、机台、班组三级对标管理，提升综合效益。坚持以行业设备管理绩效评价体系为导向，通过多维比对、寻找差距、持续改善，从而推动综合效益不断提升。到 2018 年 10 月，宁烟劳产率达到 736.46 箱/人，同比提高了 12.10％；同时，原辅料消耗、能源用耗持续下降，万支卷烟综合能耗平均值为 2.337 公斤标煤，同比下降了 7.04％，单箱可控费用同比下降了 15.07％。

五、依托智能工厂试点，拓展设备管理能力

依托智能工厂试点工作（CPS），探索设备管理与大数据、工业互联网、物联网、移动应用等信息技术的深度融合，不断拓展设备管理能力。

（一）基于人工智能，探索建立故障诊断知识图谱

针对 ZJ116/ZB48 型机组进行探索试点，采用人工智能的知识图谱技术建立故障诊断的蛛网模型。该模型应用了数据挖掘算法，根据蛛网感知的原理，利用数采的 300 多个测点作为感知神经元，与设备的数百个关键部件、数千个故障原因之间建立起图谱关联，对感知参数的波动进行信息耦合，实时探测设备故障风险度，从而进行故障辅助诊断、设备健康评价、维修决策、检修计划排程。同时，根据图谱可对质量缺陷相关参数进行实时的关联和分析，图谱可输出风险点和变化趋势，为机台的操作和维护指明了方向和重点，逐步实现预知维修。

（二）基于物联网和大数据，探索智能控制新方法

为解决传统 PID 控制的滞后性问题，宁烟以烟丝烘后冷却水分、烟支吸阻控制为突破

口,构建了工艺控制物联网平台。采用深度学习、模糊逻辑算法等方法,形成了可自学习、自评价、自适应的智能控制模型。提高质量控制精准度,实现均质化生产。目前,烘后冷却温度预测精度的标准差小于 0.6 ℃,冷却水分的批间波动降低了 20%。

(三)基于工业互联网平台,探索智能服务新应用

利用数据采集、数据建模、虚拟仿真等技术,逐步建设浙江中烟工业互联网平台,开展智能制造 APP 创新应用。研发生产前仿真、生产中仿真、生产后仿真、产品制造全生命周期仿真、设备全生命周期仿真的"微服务"应用。通过边缘计算、大数据分析、数据驱动模型,实现对设备运行状态的实时监控与预测。结合设备历史数据和实时数据,构建设备数字孪生体,并将其与现有信息系统进行有机融合。同时,大力培养云计算人才队伍,提升"微服务"开发能力,满足未来智能化应用的业务需求。

第三节 S-RCM 实施步骤

卷烟工业企业的 S-RCM 维护模式是以保障工艺水平和产品质量为核心目标,应用风险管理工具,在组织内设计、实施、监测、评审和持续改进的过程框架。S-RCM 风险管理过程通过风险评价、风险处理、监测与评审等活动,及时准确地掌握设备运行风险点的状态变化情况,实施准确有效的设备检维修活动。S-RCM 是对风险因素进行全面管控的,保持设备可靠性水平的管理模式。

S-RCM 模式的实施过程是将现有设备管理体系在 TPM 体系基础上进一步优化提升和深化拓展的过程,以识别、预防、控制设备风险为主线,对设备综合管理和技术管理做出总体设计,并通过可靠性评价方法与标准,形成 RCM 管理闭环。该实施过程强调数据分析的应用和智能化、自动化工具的融合,注重与信息化结合,实现数据驱动。

S-RCM 实施过程对通用的 RCM 过程进行了改进和细化,通过强化扩展风险管理,将与设备管理相关的工艺质量、安全环境等管理目标作为风险管控要求,对设备风险进行了识别、控制、评价,能够促进多管理体系要求的落地实施。S-RCM 的实施过程如图 2.6 所示。

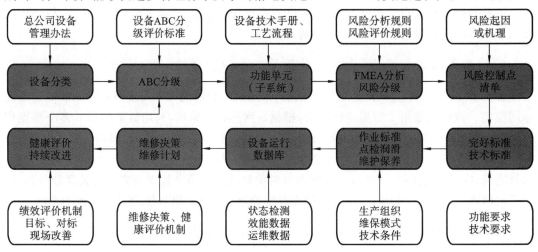

图 2.6 S-RCM 实施过程

　　S-RCM 的总体思路是,以设备风险点识别和评价分级为基础,梳理和识别重点的设备、部位、风险点;以风险点的有效管控为目标,明确相关要素和管理要求,完善设备技术、管理标准体系;建立设备健康评价指标库和评价方法,评价设备技术状态和工艺质量保障能力;依据评价结果和分析,科学合理地安排设备维护、修理活动,维持和恢复设备的健康状态。

　　整个实施过程可以分为 2 个阶段,如图 2.7 所示。第一阶段是风险识别过程,需要结合故障数据分析和 FMEA 失效模式分析,得出风险控制清单。第二阶段是风险控制过程,主要是按照风险控制清单对技术标准和作业标准进行优化,改进维修策略,落实到岗位电子看板的具体任务,控制维护作业过程。该过程利用绩效评价机制和持续改善机制,形成闭环管理。

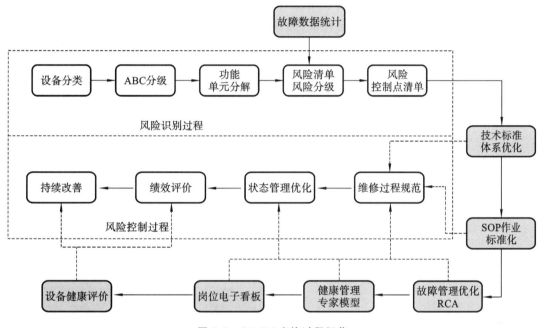

图 2.7　S-RCM 实施过程细化

　　S-RCM 的实施过程主要分为以下 9 个关键步骤。

　　(1)设备分级、分类:依照《中国烟草总公司设备管理办法》确定的设备分类规则,将卷烟工厂的设备分为烟草专用机械、特种设备和通用设备。

　　(2)ABC 分类:组织实施小组按照评分细则对设备进行 ABC 评价打分。依据评价分数的高低确定卷烟工厂设备 ABC 分级标准并分级。

　　(3)功能单元分解:依据设备维修手册、维修经验将设备分解到子系统和功能单元。将设备分解到功能单元,选定制丝、卷包、动力试点设备范围,进行设备的功能单元分解。

　　(4)风险点分析:确定设备风险辨识规则,对试点设备 3 年内的故障数据和六源查找记录进行统计分析。在量化数据支持下,以功能单元为对象,开展失效模式与影响分析(FMEA),从而确定设备健康风险控制点,并对风险点进行分级,形成基于机型的设备健康风险控制点清单。

　　(5)维修技术标准优化:优化完善设备的技术标准体系,明确风险点失效判定的标准以及风险点技术状态的检测方法、周期和资源等,形成设备完好标准和维修技术标准。

(6)维保作业标准优化:以设备完好标准和维修技术标准为基础标准,结合具体的生产组织方式、人员和其他资源配置情况,完善具体机型设备的操作、清扫保养、润滑、点检、维修作业标准;主要从控制点是否完全覆盖,关键控制点标准是否到位,控制措施是否恰当等方面,重新检视和修订点检、润滑、保养、技术标准的合理性。

(7)关键作业 SOP 化:识别关键的控制点、关键的维护作业,对其进行 SOP 标准化作业的精细化和规范化,强化标准化作业。

(8)故障管理数据化:以故障数据采集作为突破口,对整个检维修体系的流程进行梳理,提高效率,量化管理;利用 ANDON 报修工具理顺自主维护和专业维护的关系;引入可靠性MTBF 等故障分析工具,夯实设备管理的数据基础。

(9)可靠性评价机制:包括备件全寿命评价、MTBF 平均设备无故障时间、运行效率和OEE、维修质量评价、设备健康状态评价、设备管理绩效评价等。

可以看出,S-RCM 模式实施过程的基础是规范而完善的设备基础数据。实施该过程需要首先对设备的基础数据体系进行科学的规划设计,并完成资产编码、设备分级分类、功能位置、维修 BOM 等数据的采集和整理工作。

第三章 基础数据管理

卷烟工业企业的基础数据管理问题是行业一直以来探索研究的重点问题,目前,烟草企业的业务管理系统、底层数采系统、状态检测系统中存在大量的数据资源。如果数据利用机制建设不够,就会导致大量的数据孤岛和资源浪费,从而不能有效地支撑精益管理。烟草企业对这点给予了重视。基础数据体系管理及其实施是行业设备管理的薄弱环节,如何规范和加强设备基础数据的管理,为行业设备数据的采集、分析、应用找到科学的机制和方法,对行业设备管理精益化有着重要意义。

进行基础数据管理时需要解决的问题如下。

(1)统筹规划企业的设备管理基础数据,对基础数据模型进行规范,探索建立设备数据元的定义、采集、集成、交换、开发和利用的规范。

(2)建立行业设备管理信息系统数据资源目录的框架,根据国际标准和行业研究成果进行细化、深化和扩展,落实到LRU(最小维修单元,最小更换单元)一级的数据采集和应用机制。

设备基础数据管理体系和方法是项目的重点之一。设备管理业务所涉及的核心基础数据包含设备分级分类、设备编码体系、维修BOM、备件主数据、故障基础数据、一机一档等完整的基础数据框架。

第一节 设备主数据

一、设备分类和分级

通过设备分类和设备ABC分级评价,对企业设备进行系统的梳理,从而明确重点管理对象。按照《中国烟草总公司设备管理办法》对设备进行分类;以类型或机型为对象,对管理范围内的设备进行系统梳理,建立设备类型、机型清单。

烟草行业对设备实行分类管理,设备的类别分为烟草专用机械、特种设备和通用设备。

(1)烟草专用机械是指《烟草专用机械名录》[10]所定义范围内的设备,其管理必须严格遵守国家烟草专卖管理的法律法规,是烟草行业设备管理的工作重点。

(2)特种设备是指国家质量监督检验检疫总局(现更名为国家市场监督管理总局)的《特种设备目录》[11]所界定的设备,其管理必须严格执行国家和地方人民政府关于特种设备管理的各项要求。

(3)通用设备是指除烟草专用机械和特种设备以外的公用工程、计量、信息化、物流、环保等设备,其管理以国家、行业、地方的有关要求为依据开展工作。

对设备进行分级时采用经验 ABC 法等。经验 ABC 法是通过对设备的重要程度进行评价打分,依据评分结果,根据管理实际需求情况,确定设备的 ABC 等级。根据设备对产品质量、生产、成本等方面的影响,确定设备的 ABC 评价标准。

对设备的重要程度进行 ABC 分级评价的方法有多种。其目的是明确设备管理的重点对象,具体应用时,可视具体情况选择性应用,简便方法是采用经验 ABC 法。在进行 ABC 分级评价的过程中需要组织各专业、职能人员共同参与,并设定评价标准。

扩展阅读

烟草行业的设备分类表

《烟草行业固定资产分类与统一代码编制规则》[2]对烟草工业企业的固定资产部分定义了一级、二级、三级分类。其中,生产经营用的固定资产即生产设备作为一级分类,是卷烟工厂的主要管理对象,包含了烟草专用机械、特种设备和通用设备。卷烟工厂生产设备的类型划分如表 3.1 所示。

表 3.1　卷烟工厂的生产设备分类表

序号	类　型	具体的生产设备
01	烟用加温加湿机械	真空回潮机
		滚筒式回潮机
		刮板式回潮机
		隧道式回潮机
		螺旋式回潮机
		微波回软设备
		管式回潮机
		水槽式回潮机(洗梗机)
		其他加温加湿机械
02	烟用解把机械	平台解把机
		筒式松散机
		松包机
		其他烟用解把机械
03	烟用除杂、筛分机械	滚筒式筛分机
		转辊式筛分机
		振动式筛分机
		筛砂机
		电磁式金属剔除设备
		光学杂物剔除设备
		在线叶片除杂设备
		除麻丝机
		风选除杂机
		梗签分离机
		其他烟用除杂、筛分机械
04	烟用叶梗分离机械	卧式打叶机
		立式打叶机
		风分机
		其他烟用叶梗分离机械

续表

序号	类　型	具体的生产设备
05	烟用烘烤机械	烤梗机 烤片机 白肋烟烘干机 碎烟干燥机 其他烟用烘烤机械
06	烟用预压打包机组	预压打包机械 预压机 打包机 其他烟用预压打包机械
07	烟用开(拆)包机械	拆箱机 开包机 其他烟用开(拆)包机械
08	烟用叶片分切机械	切片机 其他烟用叶片分切机械
09	烟用切丝机械	直刃倾斜滚刀式切丝(叶)机 直刃水平滚刀式切丝(叶)机 曲刃水平滚刀式切丝(叶)机 直刃倾斜滚刀式切丝(梗)机 直刃水平滚刀式切丝(梗)机 曲刃水平滚刀式切丝(梗)机 其他烟用切丝机械
10	烟用烘丝机械	隧道式烘丝机 塔式烘丝机 微波烘丝机 塔管式烘丝机 滚筒薄板式烘梗(丝)机 滚筒管板式烘梗(丝)机 高温管式烘梗(丝)机 隧道式烘梗(丝)机 塔式烘梗(丝)机 微波烘梗(丝)机 塔管式烘梗(丝)机 其他烟用烘丝机械
11	烟用冷却机械	振动式烟丝冷却机 带式烟丝冷却机 其他烟用冷却机械

序号	类　　型	具体的生产设备
12	烟用香精香料调配及加料加香机械	加香机 加料机 糖香料厨房设备 其他烟用香精香料调配及加料加香机械
13	烟用压梗机械	压梗机 其他烟用压梗机械
14	烟丝膨胀机械	二氧化碳烟丝膨胀装置 KC-2介质烟丝膨胀装置 氮气烟丝膨胀装置 其他烟丝膨胀机械
15	烟用输送机械	喂料机 多管式喂丝机 吸丝机 风力送丝系统 小车送丝系统 智能送丝系统 烟支储存输送系统 条盒提升机 条盒输送系统 条盒方向转换机 条盒储存器 滤棒发射、接收系统 滤棒储存输送系统 商标纸储存输送系统 其他烟用输送机械
16	烟用储存机械	预配柜 储叶柜 储梗柜 储叶(丝)柜 储梗(丝)柜 其他烟用储存机械
17	再造烟叶机械	造纸法薄片生产设备 辊压法薄片生产设备 稠浆法薄片生产设备 其他再造烟叶机械

序号	类型	具体的生产设备
18	烟用卷接机械	卷烟机 接装机 装盘机 卷接机组 其他烟用卷接机械
19	烟用包装机械	硬盒包装机组 软盒包装机组 硬盒包装机 硬盒小包机 软盒包装机 软盒小包机 透明纸小包机 条包机 透明纸条包机 硬盒包装机组（带条包） 硬盒包装机组（不带条包） 软盒包装机组（带条包） 软盒包装机组（不带条包） 全开式包装机组 条包机组（硬） 条包机组（软） 小包储存器 卸盘机 其他烟用包装机械
20	烟用滤棒成型机组	开松上胶机 滤棒成型机 滤棒成型机组 复合滤棒成型机组 其他烟用滤棒成型机组
21	烟用装封箱机械	封箱机 装箱机 装封箱机 其他烟用装封箱机
22	废烟支、烟丝回收装置	废烟支处理机 其他废烟支、烟丝回收装置
23	其他烟草加工设备	其他烟草加工设备
24	醋纤醋片加工设备	醋纤醋片加工设备

续表

序号	类　型	具体的生产设备
25	仓储、分拣物流设备	库架 堆垛机 穿梭机 码垛机 布料车 件烟分拣线 条烟分拣线 翻箱机 其他烟用物流设备
26	锅炉及原动机	工业锅炉 生活锅炉 汽水交换器 除氧设备 容器 水箱热交换器 蓄热器 水箱 蒸汽凝结水回收设备 发动机 其他锅炉及原动机辅机
27	金属加工设备	机床 锻压、铸造设备 热处理设备 金属切割及焊接设备 其他金属加工类设备
28	气体压缩、分离及液化设备	空压机 干燥器 除油器 分离器 冷却器 其他气体压缩、分离及液化设备
29	制冷设备	制冷机 冷却塔 冷库制冷设备 其他制冷设备

续表

序号	类型	具体的生产设备
30	电机、变电及 配电类设备	电缆
		供电设施
		变压器
		高低压配电柜
		电容补偿屏
		发电设备
		其他电机、变电及配电类设备
31	造纸和印刷机械	分色机
		刻版机
		印刷机
		烫金机
		切纸机
		模切机
		分切机
		复卷机
		其他造纸、印刷机械
32	其他生产机械设备	其他未分类的机械设备

二、设备编码与功能位置分解

烟草行业的设备编码和功能位置分解应按照 ISO 1224 国际规范进行。ISO 1224 主要给出了系统、设备、关键部件、零部件等设备层次机构的定义和分解规范。ISO 1224 设备分解层次结构如图 3.1 所示。

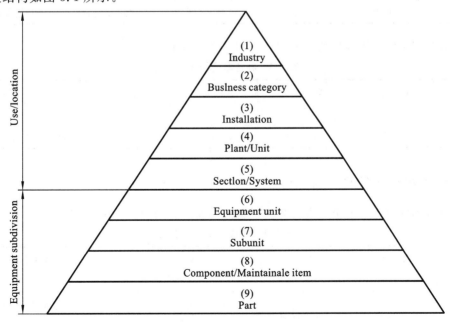

图 3.1　ISO 1224 设备分解层次结构

设备编码是设备管理的基础,是通过对设备的功能位置进行相对规范的编号,使设备的标准数字化、计划制订、故障定位、备件换件等工作变得更加方便、准确和高效。

设备编码的准确名称为设备功能位置码,其主要的目的是对功能位置进行定位。设备编码是指设备的物理安装位置编号或者逻辑安装位置编号。

设备编码包含了设备本身的结构分解,称之为功能位置分解。设备编码是零部件的定位信息的编号(位号),是对故障定位、点检检测位置、维护维修部位、分解拆装位置、备件物料更换的功能位置编号的定义。

(一)设备编码的构成及定义

卷烟工厂的设备编码由两个大部分构成:设备功能区域位置码＋设备功能位置码。具体位数设计可按照工厂的实际情况设置。

例如,某卷烟厂设备编码共21位,包括以下2个部分。

(1)第一段是设备功能区域位置码(简称区域位置码)。区域位置码是指设备物理安装位置或工艺逻辑位置。

(2)第二段是设备功能位置码(简称功能位置码)。功能位置码是按照单体设备的分解层次关系构建的12位功能单元分解码。

(二)区域位置码定义

第一段区域位置码可以划分为5级:A0到A4。对不同的工艺可以按实际需求对区域位置码进行定义。制丝车间按照5级划分的区域位置码如表3.2所示。

表3.2　制丝车间的5级划分

位置	第一部分 A0	第二部分 A1	第三部分 A2	第四部分 A3	第五部分 A4
级别	工厂 0	车间 00	产线/区域 00	系统/分线 00	工艺段 00

卷包车间按照4级划分的区域位置码如表3.3所示。

表3.3　卷包车间的4级划分

位置	第一部分 A0	第二部分 A1	第三部分 A2	第四部分 A3	第五部分 A4
级别	工厂 0	车间 00	区域 00	工艺段/系统 00	预留(系统自动补 00)

(三)功能位置码的编码规则

设备编码的第六部分至第九部分为设备的功能位置码,共12位,如表3.4所示。

表3.4　设备的功能位置码

位置	第六部分 B1	第七部分 B2	第八部分 B3	第九部分 B4
级别	单体设备 000	分部设备 000	(部件/组件/功能单元) 一级零部件 000	(更换件/零件) 二级零部件 000

(1)第六部分为单体设备代码。

按设备用途及安装地点,单体设备分为生产线设备和非生产线设备 2 大类。生产线设备是指直接参加生产或直接服务(辅助)生产过程的,且安装在生产线上的各种设备及设施。

①单体设备:是具备动力、传动、工作机构 3 部分且 3 部分构成一个整体,又能独立完成某项既定工作任务的设备;或者不全由上述 3 部分组成,但仍可作为一个整体存在且能独立完成某项既定任务的设备装置,如卷接机组、包装机组、风机、空压机、切丝机、机器人、AGV 小车等。

②系统设备:若干个单体设备组合成一个整体,并在工艺生产中不能分开的联动生产设备,如烘丝机、锅炉、辅联设备、输送辊道等。

③系统装置:若干个装置组合在一起,共同完成某项工作任务,且难以分离的联合装置,如高低压供电/配电系统、负荷中心、控制中心、PLC 自动化、集控系统、联合检测系统、产线本体仪表设备、水处理仪表设备等。

非生产线设备是指不直接服务于生产过程的或不在生产线上的各种设备及设施,如可流动或便携的各类大型工器具、检测仪表,窗式、柜式空调,计算机(不含工控系统中的终端),非生产用汽车、广播、文教、办公等设备。

(2)第七部分为分部设备代码(子设备、子系统)。

分部设备是单体设备中可按功能、工艺、专业明确区分的成套成台的设备(装置、构件)、子系统等。分部设备具有一定的功能独立性,可完成单项设备的某一单项工艺功能。例如,一台包装机的单体设备可以由硬盒包装机、小盒透明纸包装、硬条包装、外透明纸包装、电控系统等分部设备构成。

(3)第八部分为一级零部件(部件、组件、总成件、功能单元、虚拟件)。

组装件必须构成一个功能单元,即维修单元或更换单元,是可以成组、成套、成台更换或维修的备件,如减速机、联轴节、轮付、成对齿轮、轴承连座、电机、泵、附属风机、成套电器等。

值得注意的是,一组零部件也可以虚拟成一个虚拟的功能单元,称为虚拟件,可完成一项具体功能,这样可利于分析和理解,如烟支储存输送、铝箔纸等。

一级零部件的编号可按安装位置或者检修拆装顺序或图纸编号连续编列,也可由使用者自行定义。原则上要求一级零部件直接对应到备件代码。

(4)第九部分为二级零部件,更换件代码可以直接对应到备件代码。

更换件是最小的维修单元或更换单元,可以直接对应到备件编码。更换件是构成组装件的零配件,它们在工作中是有损耗的,需要准备更换的备用件。

零配件是指单体更换的需备用的零件,如轴、齿轮等。

二级零部件的编号可按安装位置或者检修拆装顺序或图纸编号连续编列,也可由使用者自行定义。编列时要求二级零部件直接对应到备件代码。

(四)分解规则

(1)单体设备:以机械设备为主体,则原动机(电机等)、控制盘、操作箱(盘、柜)、仪表、液压、润滑等为主机设备的一部分,视为该单体设备的分部设备,不按单体设备编号。

(2)电气设备:不能附于机械设备的电气设备以及 2 个以上的单项设备共用的电气盘(箱、柜)等需要按单体设备编号,如供配电系统、能源中心、集中控制室及电气室的变压器、引入盘(柜)组等设备,以电气设备为单项设备进行编号。其中,专用于主机的各种开关、控制盘、冷却装置、电控柜等应列为单项主机设备的附属分部设备。

(3)仪表设备:对应于工艺单项设备的所配置的各种计量检测控制回路群称为该工艺设备的单项仪表设备。能独立完成某个工艺参数的检测与控制功能的检测控制回路、仪表(计器)室的盘(柜)架、集散系统中连接到系统通讯总线上的各"站"以及与"站"相连接的外围设备按分部设备编号,如控制站、操作站、CRT、打印机等。系统中需要更换的单体仪表、功能单元(插件板)及零件、部件、组件按零部件(更换件)编号。

(4)计算机、网络通信设备:生产线上的计算机设备按单套(台)计算机编号。从属于计算机的电气设备、仪表设备及其他设备,均作为计算机的分部设备。网络通信设备按单项设备编号,如机台终端、显示屏等。

(5)生产用料仓、槽、柜、罐等设备:2 m³ 以上的钢结构可单独编号,成群(组)的仓、槽可合编一个号,而附于其上的阀门、料门、给料器、振动器等均按分部设备编号。

(6)运输辊道:所有运输辊道(集中传动或单独传动)均以辊道组为一个单项设备进行编号。

(7)对于各种泵、风机、电机、气体压缩机等通用设备,凡已列入低值易耗品范围内的一律按低值品处理,不按单项设备编号,如附于主机的则按分部设备编号。

(8)管道:各种输风、输水、输气、输液管道,凡附于主机的按分部设备编号。主干管道单元或系统编号一律按照区域的物理位置或关联关系、顺序编号。一种气(液)体管道可以按一个单项设备编号。各种通用低压阀门,不论大小,均不按单项设备编号;而专用阀门(非标准阀门)作为单项设备或管道的分部设备;其余均按低值品处理。高中压阀门(25 kg/cm² 及以上)直径在 100 mm 及以上的作为分部设备,直径在 100 mm 以下的作为低值品。

(9)工业炉窑:工业炉窑是按单项设备编号的,其他附属于此炉子的设备按分部设备编号。

(10)动力能源设备:动力房所(水泵房、加压站、风机房等)应独立设置区域,不宜拆分;动力主管线及附属设施宜作为主机,阀门、分汽缸、排水器、放散管及膨胀器等宜作为子设备;动力设备与其他设备的分界面应清晰,宜以末端支管或阀门为界;动力管线末端支管及附属阀门可作为备件挂接。

(五)分解具体要求

(1)设备功能位置码分解的颗粒度应统一按照 4 级(二级零部件)进行分解。结构简单的设备可以分解到 3 级(一级零部件)。

(2)最小分解颗粒度的要求是要到达备件/物料编码的细度,即最小的更换单元。需要注意的是,不要求全面极致地分解所有的零部件,应重点分解如下类型的功能单元。

①常用更换件。

②故障件——关键备件。

③周转维修件。

④总成件。

⑤计量仪器仪表(质量检测)定期检测对象。

⑥安全装置。

⑦特种设备。

⑧需要重点检查进行维保的部件。

⑨故障多发部件。

⑩数据采集装置，如传感器等。

可以按照设备技术手册、装配图、工艺流程图等技术资料、维修经验进行分解。

三、机型构型与维修 BOM

1. 机型构型

设备的机型构型是一张针对某一机型的用于复杂装备维护维修的结构化、层次化的，显示相关关键部件及可维修部件的位置信息等一系列相关信息的装备配置单，是用来记录和追踪部件运维信息的。构型作为精细化维修作业管理的基础，在设备产品的制造和维修过程中起到了重要作用。针对烟草行业的烟机设备，应当利用烟机的产品结构信息构建基于机型的维修 BOM 数据，这样有利于规范同一机型的系列设备的维护和管理。

在维修中，将生产产品时重点关注的零部件或在维修中比较关键的零部件定义为维修构型项，这样便于进行关键零部件的全寿命周期管理。构型项并不是越多越好，较多构型项的存在不仅会加重数据管理的负担，而且所带来的维修价值有限。较少的构型项则会导致维修人员忽视掉一些需要重点关注的零部件，也会增加维修负担或威胁产品运营安全，这种情况同样也需要避免。构型项并不是固定不变的，构型项的选择首先要满足企业的管理需求，其次要达到最优的管理水平。也可根据管理需求调整非构型项，将其定义为新的构型项。最底层构型项的下一级为物料层，往往不需要进行重点管理，属于消耗件、易损件或必换件。在维修过程中，构型项一般是具有独立功能的可维修的设备，物料一般是不需要维修的底层零件。

结合维修构型位置管理思想，构型项作为重点关注的对象，其管理要具体到功能位置，从而进行产品和构型项的全寿命周期管理。

从维修业务来看，这些构型元素包括维修过程中的必换件、偶换件、周转件和一些需要进行生命周期管理的零部件，同时也包含一些设备组合的装置或虚拟节点。虚拟节点是为了表示某些设备的集合所建立的功能节点，其子节点由几种设备或部件共同组成。

2. 维修 BOM

物料清单（Bill of Materials，BOM）是描述企业产品组成的技术文件。狭义上的 BOM就是指产品结构，表述的仅仅是对物料（产品或零部件）物理结构按照一定的划分规则进行的简单分解，描述了物料的物理组成，一般按照功能对物料进行层次的划分和描述。机型的构型基础数据包含了一个机型的物料组成（备件、消耗件）清单，包括具体的物料编码、物料信息、供应商、订货号等信息，这种层次化的机构称为机型的维修 BOM。

如果已经建立了机型的构型基础数据，单台设备的维修 BOM 可以直接采用某一机型构型的实例化数据，也可以直接编制单台设备的维修 BOM。

维修 BOM 一般与设备功能位置分解结构采用统一的一套结构数据，但是维修 BOM 的深度更细，涵盖内容更广。从设备全寿命周期角度来看，维修 BOM 确定了具体设备实例的维修范围和维修深度，并且明确了维修备件的最终选择，形成了一个确定性的维修物料清单。在制订维修计划过程中，需要将维修 BOM 与维修工艺路线、可用物料、负责人员和具体维修标准等进行关联，为维修计划与控制提供基础数据。

第二节　一　机　一　档

一机一档记录着设备从选型采购到淘汰报废的全过程信息，是设备全生命周期管理的重要手段。一机一档是规范设备管理的基础性工作，是设备痕迹化、精细化管理的重要体现。一机一档强调为单机设备建立完善的设备档案，重点加强单机设备运行过程管理，包括设备的采购、使用、维修及管理等工作中形成的各种动态信息。采用一机一档可以掌握每台机器设备运行性能及优劣程度，为设备大修、项修及技术改造等维修、资本性支出等项目提供决策依据。

一机一档的设备全寿命周期档案的建设工作主要包括以下内容。

（1）基础数据管理。制订资产、机型、功能位置、备件、维修 BOM 等编码主数据编码规则，收集整理数据并导入数据库。

（2）计量管理。梳理设备计量仪器，关联至功能单元。

（3）设备基础档案建设。主要包括以下几个工作：收集试点设备各类说明书、操作手册、技术手册、维修手册等；收集设备申请、批复、安装调试、验收等相关资料；收集设备的基础信息，设备的结构信息，包括附属设备、零部件信息，按照设备的层级进行分解的详细信息；收集部件图纸目录，整合厂家提供的备件图册资料；收集技术手册资料目录，包括厂家提供的各类维修手册和操作手册等目录；收集技术标准；收集含各类巡检（含点位图）、保养、润滑（含点位）、维修技术标准；收集操作人与维修人的信息等。

（4）设备维护履历建设。包括故障履历、维修履历、中大修、技术改造履历、备件更换履历等。

（5）资产全寿命周期履历建设。主要包括立项规划、采购信息、质保信息、委外信息、合同信息、大项修、故障维修、技术改造、报废等周期履历记录，需要细化到供应商和联系人。

设备的数字化模型结构包括静态档案、动态档案、知识管理、效能指标等生命周期档案的要素，如图 3.2 所示。在组织方式上，以设备功能位置层次树（设备树）为索引，实现单个设备的信息追踪，以及上下级节点的汇总统计与分解。

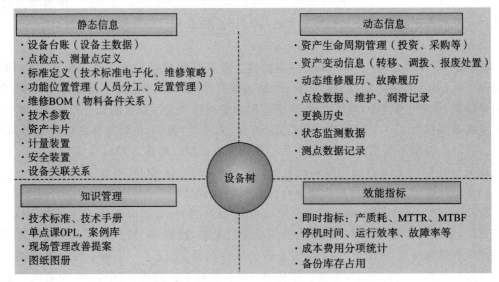

图 3.2　设备一机一档的数字化模型构成

第三节 故 障 管 理

故障管理需要按照 ISO 1224 标准和 RCM 故障分析的要求,对烟草设备的故障特点进行分级分类管理,规范故障类型、失效模式、原因、措施等基础编码,与设备机型和单台设备构建对应的关系,从而健全故障管理制度流程和分析规范。

一、故障分级

烟草行业的故障是指,在设备使用过程中,设备的固有功能、状态和精度发生降低和丧失,致使生产中断或效率降低而影响生产。

生产设备的故障分级分类主要有以下 2 类划分方法,可以结合起来使用。

(1)按照停机时间或损失大小来划分等级。例如:一般把 10～30 min 的停机称为 1 级(小停机);单机停机 2 h 以内的称为 2 级故障;以此类推,把整条生产线停机 2～8 h,单机停机超过 3 d,或经济损失超过 3 万元的定义为 4 级(设备事故)。这一类划分方法主要用于事后的故障考核和故障分析。

(2)按照故障特征和关键程度,并结合处置时间和维修计划安排,进行分级管理。这一类分级方法适用于车间的现场管理和生产维护计划组织。可以将这一类分级方法与可视化管理相结合,对故障设备进行挂牌和亮灯,红、黄、蓝等颜色的挂牌作为标记,提示故障等级和处置措施。一般按照如下规则进行分级。

①突发性故障。

出现故障前无明显征兆,难以靠早期试验或测试来预测。这类故障发生的时间很短暂,一般带有破坏性,如转子的断裂,人员的误操作引起的设备损毁等属于这一类故障。此类故障如果直接影响生产,则一般挂红牌,需要进行紧急维修处理;对于不影响生产的此类故障,可挂黄牌,将其记入检修计划,进行集中处理。

②渐变性故障。

渐变性故障也称为劣化性故障,是指在设备使用过程中,某些零部件因疲劳、腐蚀、磨损等使性能逐渐下降,最终超出允许值而发生的故障。这类故障占有相当大的比重,具有一定的规律性,能通过早期状态监测和故障预备来预防。针对此类故障,一般挂黄牌,将此类故障列入检修计划进行处理;也可挂蓝牌,增加点检和巡视的频率,选择时机进行改善性维修。

③重复性故障。

关键设备(同机型)的同一部位反复发生同类故障,需要重点关注和深入分析此类故障。如果 1 年内发生 3 次以上同类故障,就可以将其定义为重复性故障或惯性故障等。

二、故障分类

按照管理需求,故障分类主要有 2 类划分方法。一类是按照故障设备类型和机理来区分;另一类是综合性的,按照人、机、料、法、环、测的因素进行划分,从人为操作、设备机理、备件质量、作业方法、环境影响、测试检测手段等方面进行分析,确定解决方案和处置措施。

故障分类可以分为如下几类。

①机械传动类：主要是指利用机械方式传递动力和运动的传动过程中发生的故障。

②机械故障类：设备运行的功能失常，或者设备的系统或局部的功能失效。

③电气软件类：因系统软件引起的设备不能正常运行的故障。

④电气硬件类：包括电器硬件、外来原因等引起的停机故障。

⑤工艺质量类：与工艺质量相关的设备维修(导致生产停机的故障，如堵料、质量偏离)。

⑥误操作类：因人员操作失误导致的设备不能正常运行的情况。

⑦其他类：其他原因导致的设备不能正常运行的情况。

故障分类是非常重要的基础管理，要进行故障的规范化管理还需要对故障部位、故障现象、故障原因和故障处理措施等 4 个要素进行梳理整理，并按照对照关系，采取先后逻辑关联关系和层级递进方式建立故障字典库。

三、基于时间点的故障管理措施

基于时间点的故障管理以故障作为时间锚点，围绕着故障可分为故障前(before)、故障中(middle)、故障后(behind)3 个时间段的管理。

故障前时间段是从故障还没有发生到故障发生为止的时间段。此时，一般采用点检、润滑、周期性维保、计划维修等设备管理手段以及智能化、大数据分析等技术手段，用来消除故障隐患，延缓故障的发生周期，以及在故障发生前预判故障发生的时间段。

故障中时间段是从故障发生开始，到故障维修结束即设备恢复生产能力的时间段。此时间段涵盖了从故障发生到修复的全部过程，此过程主要包含故障定位、故障解决方案、故障排除修复、设备检查和恢复运行等故障维修过程。

故障后时间段是从故障排除设备恢复生产后的时段。此时间段的结束标志是完成故障的总结分析，主要从机型(设备)、故障(缺陷)名称、故障(缺陷)现象、故障(缺陷)部位、故障(缺陷)原因及维修措施等方面进行总结分析。

从故障的时间流来看，故障是由 3 个要素组成的时间闭环，故障管理的目的就是加长故障前的时间，缩短故障中和故障后的时间。

在故障中这一时间段，从故障发生开始，到故障维修结束，一般将经历发现故障、信息收集、故障定位、确定维修方法、修复和检查恢复等几个时段。根据维修的过程，宁波卷烟厂采用了 FRC 时长统计法对故障处理过程进行了统计，并根据统计结果，开展了有针对性的故障管理研究。

FRC 时长统计法包含对 FOCUS(聚焦)、REPAIR(修复)、CHECK(检查恢复)3 个故障维修内容的时长统计(FRC 时长年度统计表)。

(1)FOCUS(聚焦)：包含了从维修开始，到故障准确定位为止的时间长度。该内容的时间长短反映了维修人员的技能水平、工艺了解程度、设备熟悉程度以及经验的丰富程度等。

(2)REPAIR(修复)：包含了从故障准确定位后，到明确维修方法和故障排除为止的时间长度。该内容的时间长短反映了维修人员对设备的熟悉程度、设备管理流程的合理程度(如备件领用流程)、日常维修准备工作的到位程度等内容。

(3)CHECK(检查恢复)：包含了从故障排除到恢复生产的时间长度。该内容的时间长短可以从一个方面反映该故障在故障发生设备上的重要性或应受重视的程度，也可以明确该类故障在他机类比等管理活动中的重要程度和推广意义等。

四、故障记录与分析报告

故障记录与分析规范包括 RCM 故障报告流程、分析图,分析指标等要素。进行故障分析时首先对设备故障进行分级管理;停机超过预设的分级时间时会自动触发故障分析流程;维修人员记录故障现象、处理过程,并详细分析故障原因;管理和技术人员还需要深入分析和追溯,制订故障预防措施,防止故障重复发生。故障记录和分析报告的典型案例如表 3.5 所示。

表 3.5 基于 RCM 的故障分析报告(示例)

故障设备	卷接包车间＞卷包生产区域＞PROTOS 卷接机＞PROTOS 8		报告编号	FX20130403001
基本信息				
性质	突发性故障	故障分类	9180103	故障专业	机械
名称	更换 SE 机械手传动齿形带		故障设备	PROTOS 8#
发生班组	丙班	发生时间	2013-04-03 00:03	停机时间(小时)	1.78
报告属性	故障报告	提报人	杨××	填报时间	2013-04-03 04:03
故障情况及处理措施				
故障部位(类型)	机械手传送部分		故障现象	跑条
故障原因(分类)	V 形槽上的烟支与机械手的相对位置不正确		处理措施	更换机械手传动齿形带
故障情况及处理措施				
停机开始时间	2013-04-03 00:03		停机结束时间	2013-04-03 01:50
故障现象描述	设备运行中出现连续跑条现象			
故障原因分析	经排查系机械手取烟位置偏移,调整后设备运行中仍有跑条现象,再次检查后发现机械手传动齿形带掉齿,需要更换			
故障处理及预防				
故障处理过程	(1)拆卸相关防护门、罩。(2)拆卸机械手后部相关部件并取下机械手抽吸槽。(3)取下磨损齿形带,更换新齿形带。(4)调整机械手水平及高低位置。(5)安装各防护门、罩。(6)开启设备后运转正常			
处理时间	2013-04-03 00:05		故障处理人	杨××
确认时间	2013-04-03 10:10		确认人	夏××
纠正与预防措施	一个轮保周期内,对同机型其他所有机台机械手传动齿形带进行检查			
说明	此零件平均寿命约为 2～3 年,当前设定点检周期为 6 个月,视其他机台检查情况决定是否调整此部件的点检周期			

第四章　设备前期管理

　　企业应在从规划论证至设备正式投入使用之前的整个时期对设备进行严格管理,以确保新增设备符合企业的需求。

　　RCM 理论认为,设备固有可靠性取决于前期设计、制造、选型环节,使用期的预防性维护只能保持而不能提高设备固有可靠性。因此,需要将可靠性要求贯穿于设备全寿命周期管理过程。烟草工业企业的设备全寿命周期管理流程包括规划设计、施工、选型与购置、安装调试、验收及移交、调用与调拨、使用维护与保养、设备的改造、设备的大中项修、设备闲置/启用、报废处置、备品备件管理、固定资产管理等过程。

　　烟草工业企业的设备前期管理的重点在于设计施工、选型、安装调试等环节。目前,烟草工业企业越来越重视前期投资选型的效益成本评估。

第一节　LCC 全寿命周期成本模型

　　在设备前期选型阶段,需要从人、机、料、法、环五个维度的综合可靠性出发,制订全局、全过程、全要素的选型标准。统筹考虑设备配置的均衡、前后工序的匹配、规模生产与安全防护的兼顾、复杂工艺与简化设计的平衡,以及物理层、控制层、管理层的一体化防差错设计,为设备可靠性管理奠定基础。统筹规划设备设施时,可以通过推进可视化管理、构建柔性化格局,实现单体设备的互联互通,夯实设备的智能基础。

　　目前,国际国内进行投资收益综合决策采用的主要工具是全寿命周期成本模型。全寿命周期成本(Life Cycle Cost,LCC)管理是一种经济分析的方法,即从项目的长期效益出发,全面考虑设备或系统的规划、设计、建造、购置、运行、维护、更新、改造,直至报废的全过程;是使 LCC 最小的一种管理理念和方法,是从系统最优的角度考虑成本管理问题。

　　LCC 方法用于全寿命周期管理的决策分析,包括项目方案比选,采购选型以及运维、检修阶段的成本分析等。

　　在全寿命周期管理的决策过程中,需要将 LCC 周期成本纳入考虑范围,将各个阶段的成本进行统筹计算,再将多种方案的 LCC 成本进行比较,最终找出 LCC 最小的方案。

　　国际通用的 IEC 60300-3-3 准则来源于英国标准协会(BSI)于 2004 年发布的关于可靠性管理的系列标准中的子文件,在 2017 年转换为 IEC 60300-3-3 国际标准,是目前国际上对资产全寿命周期成本的管理的通用准则。

国际准则对全寿命周期成本 LCC 各阶段成本的定义如下。

(1)概念和定义阶段:进行概念和定义是为了考虑产品的可行性而进行的活动,概念和定义成本包括市场调查、项目管理、产品概念和设计分析。

(2)可靠性设计和开发阶段:设计和开发满足产品需求的规范并提供符合性证明,设计和开发成本包括可靠性、可维护性活动、设计文档、软件开发、测试和评估、供应商选择、演示和验证、质量管理的成本等。

(3)制造和安装阶段:制造和安装成本是根据制作产品的数量和提供连续服务的方式进行量化的。制造和安装包含经常性活动费用和非经常性活动费用。

经常性活动费用包括生产管理、设施维护(人工、材料等)、质量控制和检验、组装、安装和检验、包装、储存、运输的费用等。非经常性活动费用包括运营分析、设施建设、设备测试、初步训练、资格测试的费用等。

(4)运维阶段:运维阶段是产品和支持设备的操作阶段,运维阶段产生的运营成本、预防性维护成本、纠正性维护成本和间接成本等都是可靠性成本。

①运营成本:包含人工、消耗品、电力能耗、持续培训和升级费用等成本。

②预防性维护成本:包含人工、备件、消耗品、零件的更换等成本。

③纠正性维护成本:包含人工、备件、消耗品、零件的更换、因生产或能力损失而产生的间接成本,如补偿成本和收入损失。间接成本包括保修费用、责任成本、提供替代服务的费用、声誉。一般而言,在估算时需要对间接成本进行转化,如基于宣传活动成本以及为留住客户的营销努力或补偿成本来估算这些成本。

与可靠性成本相对应的是可靠性指标,可靠性是用来描述产品的可用性性能及其影响因素的统称,即可靠性性能、可维护性性能和维护支持性能。

(5)处置阶段:包含产品的退役和产品的报废。产品处置成本包括退役、拆卸和拆除、回收。

LCC 建模时应尽量详尽;在实际评价应用 LCC 时,应考虑到存在的不确定性;为简化计算和便于评比,在计算和评比寿命周期费时,对于一些非重要的且不影响实际评价结果的因素,可适当忽略。

扩展阅读

国家电网的 LCC 全寿命周期成本构成

国家电网的 LCC 全寿命周期成本构成如图 4.1 所示。

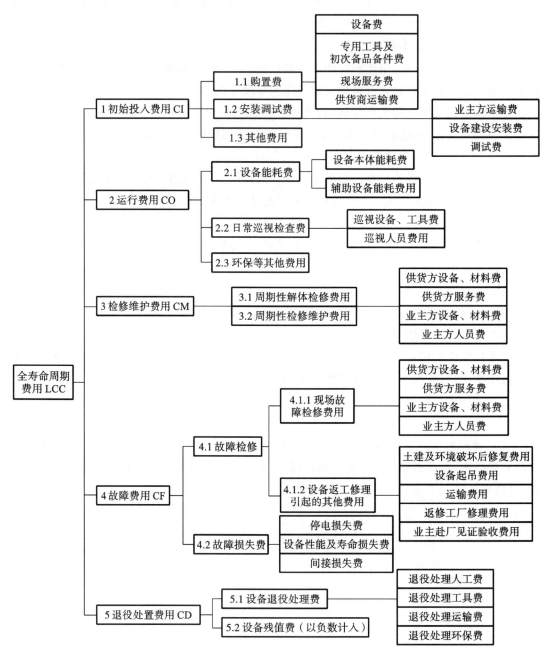

图 4.1 设备全寿命周期费用分解结构图(国网案例)

第二节 精益化安装调试

烟草设备安装调试管理是指从设备出厂检验直至设备交验的全过程的管理,涉及技术、管理和信息沟通三个方面的工作。设备安装调试的质量和效率对设备运行、成本和产品质量具有明显的影响。考虑到设备选型配置等对后期精益管理的重要性,应将设备的前期选型配置作为精益安装调试管理的一部分。

烟草行业组织的"ZJ116 和 ZB48 设备精益管理"课题研究对烟机设备的安装调试管理给出了详细的规范和建议。《ZJ116 和 ZB48 设备精益管理手册》[12]中的安装调试管理部分包括《设备安装调试工作事项清单》《设备安装调试作业指导书》《设备功能验收标准》《设备安装调试关键路径》和《设备安装调试管理规范》5 部分,涵盖了设备安装调试项目信息、技术和现场管理的全过程。

卷烟工厂可以按照《设备安装调试安全管理规定》的要求,对设备的安装调试过程进行管理;依据《设备安装调试工作事项清单》《设备安装调试关键路径》和本单位具体情况,编制设备安装调试工作计划,明确工作内容、相关方、责任方以及具体的工作要求、时间节点,做到分工明确、责任到人,形成合力共济的设备安装调试工作体系,实现设备安装调试的过程无遗漏与时间和成本的有效控制;依据《设备安装调试作业指导书》和《设备功能验收标准》,对设备安装调试现场、关键节点质量进行检查、验证,保障设备安装调试质量和安全,实现设备安装调试的技术无差错。

扩展阅读

卷接机组设备安装调试关键路径

卷接机组设备安装调试的关键路径如图 4.2 所示。

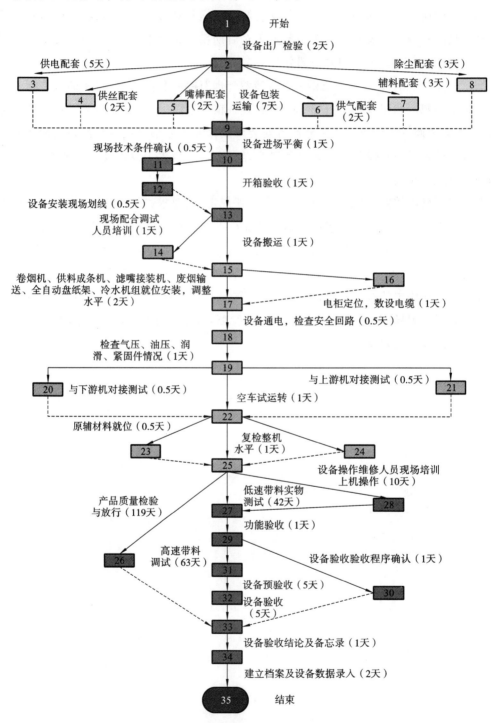

图 4.2 卷接机组设备安装调试关键路径

第三节　BIM 数字化模型

宁波卷烟厂引入了三维仿真技术,实现了工厂设计、安装和设施维护的可视化管理。根据两千多张施工图纸构建起的三维建筑信息模型(BIM)涵盖了建筑、结构、暖通、给排水、动力、强弱电、工艺等 20 余个专业,为设计验证、现场安装、运行维护提供效率支撑。

一是设计验证环节。通过 BIM 的构建,打破专业壁垒,在统一的虚拟模型中展现工厂所有的施工设计,通过智能寻找、辅助修正管线与管线、管线与照明、管道与电缆沟等纵横碰撞点,将事后修正转变为事前验证,从而有效地提高施工图验证的效率。

二是现场安装环节。依靠 BIM 的透视功能虚拟地展现地下的管线状况,克服地下预埋管道安装交叉多、范围广、协同难、精度要求高等困难,调整排布,科学指导,协调安装,既能满足规范要求,又能加快施工进度。

三是运行维护环节。借助 BIM 的集成,把隐蔽工程、公用工程、工艺设备等全厂设备、设施融合在统一的虚拟三维模型中,全面掌握设备实时数据信息,实现对跑冒滴漏等问题的精准定位和及时维护。

仿真技术的成功应用为设备的互联互通和智能化管理奠定了基础,助推宁烟跑出了"不到 3 年时间完成技改,3 个月完成制丝工艺验证,60 天完成 ZJ116/ZB48 型国产超高速卷接包机组安装调试"的"宁烟速度",加快了技改进程,提高了工程质量。

一、BIM 数字模型概念

BIM 是基于最先进的三维数字设计和工程软件所构建的可视化的数字建筑模型,为设计公司、施工单位、建设单位乃至最终用户等各环节的成员提供了模拟和分析的科学协作平台。利用三维数字模型对项目进行设计、建造及运营管理,最终使整个工程项目在设计、施工和使用等各个阶段都能够有效地实现节省能源、节约成本、降低污染和提高效率。

BIM 模型的应用阶段可划分为前期咨询、可行性研究、初步设计、施工图设计、专项深化设计、施工过程管理、竣工移交、运行维护和拆除改造等 9 个阶段。

(1)前期咨询阶段主要适用于工程项目立项阶段制作项目建议书、选厂报告、规划设计时的基于工程设计信息模型的方案设计、分析工作。

(2)可行性研究阶段主要适用于完成工程项目可行性研究阶段制作可行性研究报告,报告包括项目申请报告、资金申请报告方案时的基于工程设计信息模型的设计、分析与审批工作。

(3)初步设计阶段主要适用于完成工程项目初步设计阶段初步设计时的基于工程设计信息模型的设计、分析与审批工作。

(4)施工图设计阶段主要适用于完成工程项目施工图设计阶段制作施工图设计时的基于工程设计信息模型的设计、审批和施工招标准备相关工作, 例如,各专业系统详细的设计分析、计算和空间布置,空间使用需求的确认、设计检查、设计验证及评审工程量统计分析与成本控制参考各专业设备及建安招标交底准备等工作。

(5)专项深化设计阶段主要适用于设计施工一体化总包项目在施工准备阶段的基于模型的专项深化设计相关工作,如管线综合、设备生产线、钢结构、装修、绿化景观深化设计等工作。

(6)施工过程管理阶段主要适用于施工准备阶段的基于模型的相关策划推演工作,如施工组织方案、场地布置、进度模拟、施工安装方案模拟、成本控制策划、质量控制策划、安全管理策划等工作。

(7)竣工移交阶段主要适用于工程建成移交阶段对模型数据集的设计模型版本的修正更新与对模型关联建设过程资料、竣工验收资料的数据整理补充等工作。

(8)运行维护阶段主要适用于针对工厂建成后的各种应用需求对模型进行轻量化的重构处理和数据集成处理加工的工作,以及适用于工厂相关管理人员对模型数据成果版本的持续更新完善工作,同时也适用于采用逆向工程对既有工厂进行建模的活动。

(9)拆除改造阶段主要适用于工程项目基于模型的拆除实施方案对比、风险预警、拆除实施模拟等工作,还适用于更适合当前使用需求的建筑主体或技术方案改造基于模型的改造方案对比、改造实施模拟。

二、常见的 BIM 模型

常见的 BIM 模型有以下 8 种。

(1)专业设计模型:是设计咨询单位使用的原始工作模型。可直接对该模型数据进行编辑、修改、加工、拆解,并对相关视图、图纸进行标识和标注,能够输出所需要的图纸、数据、模型或图像、视频等文件集合。专业设计模型按用途可分为专业系统设计模型、专项深化设计模型、可视化表现分析模型等。

(2)专业协作模型:用以实现专业间、企业间协同工作的模型。专业协作模型根据协同工作的内容对模型数据需要的程度可分为专业设计协作模型、设计验证审查模型、信息集成模型等。

(3)专业计算分析模型:是用于对功能目标、原理、工艺流程进行梳理的模型,是对设计方案进行计算验证和仿真分析的原始工作模型。专业计算分析模型按用途可分为专业计算模型、功能或性能仿真分析模型、信息架构分析模型等。

(4)工程造价分析模型:是用于工程造价分析和控制的模型,可在专业设计模型的基础上附加算量基础信息和计价规则而形成。

(5)成品交付模型:是用于设计内容评审、空间确认等阶段的设计成果交付的只读设计信息模型,符合指定时间节点的评审要求及合同约定,并作为后续阶段使用的基准版本,包含本阶段的设计深度要求提供的所有设计信息与必要的交付说明等。按照使用方使用数据的关注重点,成品交付模型可以分为工程数据查询模型、设计验证审查模型、信息集成模型和交互展示模型。其中,工程数据查询模型以专业设计系统中的设计成品数据检索查询为主要目的;设计验证审查模型以设计验证与审查批注信息反馈为主要目的;信息集成模型以工程数据查询模型为基础,附加了多领域管理与技术信息,以集成整合应用为主要目的;交互展示模型以设计成果展示体验为主要目的。

(6)项目管理辅助模型:用于辅助项目管理的施工组织策划的模型,主要有场地总平面布置模型、资源配置模型、专项施工工艺模型、进度控制模型、成本控制模型、质量控制模型、安全控制模型和建设过程记录模型等。

(7)竣工档案模型:反映各系统竣工实际建成效果(定位布局、设备材料选型、现场变更)的模型,必要时该模型还包含相关的验收资料数据及文档。当竣工模型仅用于交互操作、演示目的或作为数字城市等地理信息系统、虚拟现实系统使用时,可转换为文件尺寸较小的虚拟现实交互演示模型。虚拟现实交互演示模型包含了经过运算简化的几何外形、材质贴阁等用于渲染表现所需要的基本信息和模型数据剥离时生成的索引信息。

(8)运维管理模型:以工厂生产运维管理为主要目的,主要用于设施、设备管理、空间管理等可视化管理的模型。根据某一领域的应用需求对几何模型进行简化或抽象处理,从而将模型数据和应用领域的主题信息系统集成[13]。

三、BIM 与数字化工厂

基于 BIM 的数字化工厂的可视化平台是以三维模型为载体,将数字化交付的各阶段数据整合并将其可视化地展示出来,从而构建出与现实工厂完全一致的数字化模型。在数字化模型的基础上,整合基础自动化模型、过程控制模型、工艺参数模型,构建与实际生产流程、设备和工艺一致的数字孪生模型。进一步以数字化平台为基础,通过信息交换获取企业的生产管理(MES)、能源管理(EMS)、设备管理、物流管理等信息化系统的信息,采用不同的图层和场景展现不同的业务数据,进而更直观地协助企业各级调度管理人员能及时掌控企业生产运营信息,满足公司各级管理人员的需要。

在三维数字化工厂平台中,工厂的各个车间、设备、部件、管道、仪表、阀门等的运行参数与 BIM 模型进行关联和绑定,可以实时查询其设计参数和运行参数;可以以图层的形式管理不同类型的数据和 BIM 模型的显示状态,如专门显示仪表信息的仪表层、人员层、设备层、巡检层、报警层、监控层、建筑层、管线层、物流层等;在不同的数据层的基础上,可以定制工厂的数字化运维需求,如工厂综合展示、资产的透明化管理、智能设备运维信息集成、物流调度管理、管网智能安全监控管理、浸入式培训操作考核、应急演练仿真、三维生产工艺监控和模拟等[14]。

第五章 设备维护模式

第一节 基本概念

一、维修策略与维保模式概念

(一)维修策略

维修策略是针对故障发生的规律、设备劣化的规律进行维修决策而制订的维修类型和预防性维护计划。维修类型一般可分为事前的预防性维护、事后的故障维修(含抢修)、为消缺的主动性的改善性维修、拆解翻新的大中修等。

维修策略一般特指预防性维护计划。这一类计划性维护是比重最大的维护方式,是设备维护的主要类型。预防性维护计划主要有3个类型:第一种是基于时间周期的;第二种是基于运行历史的,也就是设备的运转机台时、里程数、吊装次数等;第三种是基于状态的,即基于仪表的读数和测点数据。

(二)维护模式

在烟草行业中,习惯将维护模式称为维保模式。维护模式是指通过多种维修策略组合,以及不同的时间周期的维护作业的有机结合,构成完整而严密的设备保障体系,对设备可靠性进行全方位、全寿命周期的保障。维护模式的概念类似于RCM概念体系中的预防性维护计划大纲概念与轨道交通领域中的检修规程(修程)概念,例如轨道交通中电客车的维护模式(修程)主要包括日检、月检、季检、年检、架修、大修这几类时间周期的维护作业的组合。卷接包机组的维保模式是指例保、日保、轮保、月保等日常维护,是结合项修、大修等作业的组合。

不同的生产工艺是设备特点和生产模式差别较大,其维保模式是不同的,不能一刀切。卷烟工厂按照制丝、卷包、动力这3类主要生产工艺,将维保模式相应地划分为3类专业的维保模式。

烟草行业各卷烟厂都在积极探索设备维保的新模式,以实际行动推动整体设备管理水平的提高。宁波卷烟厂按照工艺进行维保策略与模型优化,通过结合行业课题的研究成果,包括设备健康管理、设备数据管理与应用、质量维护、六精设备管理等行业课题的内容和经验,优化设计了宁波卷烟厂的卷包、制丝、动力的精益设备维保模式。

二、主要维修策略

维修策略是设备维护体系的起点，它决定着维修的有效性、维修成本和响应速度。针对卷烟工业企业的设备特点和RCM可靠性维修理念，主要采用以下4种维修策略。

(一)定期维修

定期维修是以时间为基础的预防维修方式，它以降低设备元器件失效概率或防止功能的退化为目标。

定期维修的特点：根据设备的磨损规律，预先确定维修类别、维修间隔期、维修工作量、所需要的备件和材料，对设备进行周期性的维修。维修计划的安排主要是以设备使用时间为依据。

(二)状态维修

基于RCM的视情维修理念，状态维修是以设备当前的实际工作状况为依据，而并非传统的以设备使用时间为依据，它通过先进的状态监测与诊断手段，识别故障的早期征兆，对故障部位、故障程度和发展趋势做出判断，是根据诊断结果来决定对其进行更换或维修的过程。其主要特点在于维修的预知性、针对性、及时性和维修方案的灵活多变。

(三)改善维修

改善维修是指一种不拘泥于原来的设备结构，从根本上消除故障隐患的带有设备改造形式的维修方式。

改善维修适用于先天不足的设备，即存在设计、制造、原材料缺陷以及进入耗损故障期的设备。设备的故障根源有很多种，比如材料变形、液体物理性质不稳定、严重磨损、故障频繁重复现象等。改善维修要求在系统的性能和材料退化之前就要采取措施进行维修，从而有效地减少系统的整体维修需要，延长系统的使用寿命。

(四)故障维修

故障维修就是指当设备发生故障或者性能下降至合格水平以下时所采取的非计划性维修，或是对事先无法预计的突发故障所采取的维修方式。

故障维修适用于故障后果不严重的，不会造成设备连锁损坏的、不会危害安全与环境的、不会使生产前后环节堵塞的辅助型简单设备损害的故障后修理。

故障维修的特点是设备维修费用最低。其3个典型的步骤分别是：第一，问题诊断，维修人员遇到故障要准确判断是否影响生产；第二，故障零件的维修，对于无维修价值的零件直接更换；第三，维修确认，做好记录。

扩展阅读

烟草设备维护保养的基础要求

1)设备维护的三好、四会、四懂

(1)定三好：管好、用好、维修好。

(2)定四会:会使用、会保养、会检查、会排除故障。

(3)定四懂:懂结构、懂性能、懂原理、懂用途。

2)设备操作、使用的 5 项纪律

(1)凭操作证使用相应设备,遵守作业指导书(安全操作规程)。

(2)经常保持设备清洁,并按岗责范围做好润滑工作。

(3)遵守交接班制度,规范填写交接班记录。

(4)管理好工具、附件,不得遗失。

(5)发现异常,立即停车,自己不能处理的问题应及时通知相关人员检查处理。

3)设备维护保养的 4 项要求

(1)完整:工具、工件、材料、附件定置整齐,安全防护装置齐全,线路、管道安全完整无破损。

(2)清洁:设备内外清洁、无油垢、无碰伤、不漏水、不漏气、不漏油,设备周围清扫干净。

(3)润滑:按时加油换油,油质符合要求;润滑工具齐全、完好;油标清洁、润滑点和润滑油路畅通。

(4)安全:实行持证上岗,坚持交接班制度;熟悉设备性能、结构、原理、用途;遵守操作规程和维护保养规程,合理使用、精心维护设备,确保安全无事故。

4)设备润滑的"五定"

(1)定点:制订润滑图表,确定润滑部位和润滑点,实施定点加油,并保持其清洁、完整、无损。

(2)定质:按照润滑图表规定的油和油脂牌号用油,油品必须经检验合格后才使用,润滑装置和工具清洁、完好。

(3)定量:在保证良好润滑的基础上,实行定量加油和换油,做好废油回收退库的工作,治理设备漏油,防止浪费。

(4)定期:按润滑图表规定的周期进行加油和清洗换油;按规定时间对集中润滑的油箱进行定期抽取油样化验,再视油质状况确定换油方法和下次抽验或换油的时间。

(5)定人:明确操作工、维修工、润滑工对设备润滑的分工,各负其责,互相监督。

5)设备润滑的三过滤

(1)入库过滤:油液经运输入库后,在泵入油罐贮存前要经过滤。

(2)发放过滤:油液发放注入润滑容器前要过滤。

(3)加油过滤:油液加入设备贮油部位前要过滤。

6)电气设备操作维修的"三熟""三能"

电气设备操作和维修人员必须做到"三熟""三能"。

(1)三熟:熟悉设备和接线图、熟悉操作和事故处理、熟悉本岗位的规章制度。

(2)三能:能分析运行情况、能及时发现故障、能掌握一般维修技能。

7)设备档案管理的一机一袋

设备档案管理必须做到贯穿设备全生命周期的一机一袋。设备档案管理的内容包括设备交验证书、使用手册、移动单、主要换件记录、合格证、装箱单、开箱验收单、润滑记录、封存单、调拨单、电气图纸、装配图和大中(项)修、技措、改造、事故报告单及事故处理记录、安全技术档案、设备检查评比记录档案等。

第二节 卷接包维保模式

一、卷接包维修策略

随着设备运行的逐步稳定和新设备、新技术的运用,卷接包车间设备的机电结合更加紧密。高速和超高速设备以及辅连、辅助和配套设备的自动控制化和综合化程度也越来越高。现代化的设备要求要有现代化的设备管理体系与之相适应。因此,卷接包车间遵循的维修原则是,以定期维修为主线、以状态维修为指导、以故障维修为重点、以改善维修为突破。

例如,典型的卷接包车间维修策略体系设计如图5.1所示。

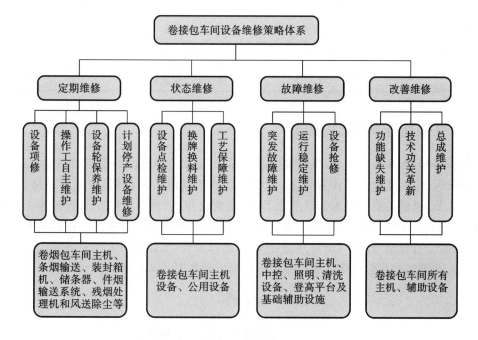

图 5.1 卷接包车间维修策略体系(示例)

卷接包车间的检维修人员的分工主要分为操作工的自主维护、维修工的专业维修和外协维修3种。其具体维修业务说明如表5.1所示。

表 5.1 卷接包车间维修业务说明(示例)

序号	分类	分 工	说 明
1	自主维护	日常点检维护	每班按照标准进行的设备点检,异常录入
		轮保检查维护	轮保机台操作工按照标准进行保养检查
		运行维护	运行过程中,操作工对易损件、周期件的更换和常见故障的排除

续表

序号	分类	分 工	说 明
2	专业维修	轮保维护(专业点检)	轮保维修工在每个白班对三组卷包辅连设备进行的轮保养工作
		进站式保养维护	轮班维修工进站式保养期间的间隙维修
		运行维护	轮班维修工针对设备运行故障、换牌换料和工艺质量进行的维护
		停产维修	维修工按照计划实施的设备维护
		点检维护	点检人员按照计划和标准的检查
		总成部件维修	专职维修工实施的总成部件功能性恢复维修
		项修	指定维修工自主完成的设备项目维修
3	外协维修	大中修项目	上报公司批复的由专业厂家实施的投资项目
		零备件委外维修	上报公司批准的专业厂商的维护
		设备升级改造	上报公司或中心批复的由专业厂家实施的投资项目

二、卷接包车间维保模式

通过动作分析和时间研究,优化维护保养标准,强化关键点位的受控。根据设备维修策略,创新维保方式,建立多维保养体系;结合三级点检获取的设备信息,制订维修计划和工单;操作人员、维修人员和技术人员分工合理,紧密合作;创新并推广专用的保养工具,依照作业标准开展自主维保活动,达到以最少时间获得最佳维护保养的效果。维保过程中,设备管理员要对全过程进行监控,指导并监督操作、维修人员,保证维保工作的质量。

例如,典型的卷接包机组多维精益维保模型示例如图5.2所示。

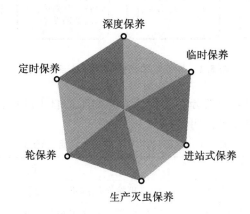

图 5.2 卷接包多维精益维保模型示意(示例)

卷接包车间多维精益维保模型的设计说明如图5.3所示。

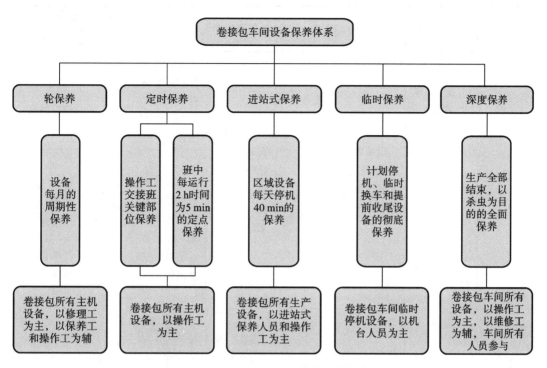

图 5.3 卷接包维护保养模型(示例)

卷接包设备维保模型说明(示例)如表 5.2 所示。

表 5.2 卷接包设备维保模型说明(示例)

维保模式	主要任务	目 的	执行人员	时间和周期	特 点	检查评价人员	备注(以 ZB45 为例)
定时保养	对影响产品质量和设备运行的关键部位进行清洁	消除故障隐患、保证产品质量	操作工	班中运行 2 h 以内的 5 min 清洁保养	以时间短、频次高、关键部位的清洁为主	维修人员	5 个关键控制点
进站式保养	设备关键控制点清扫、清洁、点检、易损件更换	维持设备运行状态,保持设备清洁	操作工	每班一次,每次 40 min	集中力量清扫保养、"微尘"清扫为主、及时发现和消除设备隐患	设备管理员、维修工	21 个关键控制点
	点检、润滑和机会维修		轮班维修人员				点检、润滑、处理异常

续表

维保模式	主要任务	目的	执行人员	时间和周期	特点	检查评价人员	备注(以 ZB45 为例)
轮保养	细致保养、疏通	设备零部件、机构、控制系统精度恢复	操作工	每天白班安排 1 组,每台平均两周一次,每次 8 h(含交验设备)	保养时间长、深度保养和设备计划维修相结合	设备、工艺、现场管理人员	22 个关键控制点
	全面、专业点检、调整、紧固、润滑		轮保维修人员		结合设备技术状态和设备异常台账,制定作业计划,管理精细		42 个关键控制点,周期点检、润滑项目
	异常部位修理						维修申请解决、处理异常
深度保养(含灭虫)	全面深入清扫	深入彻底清扫清洁,消除设备故障隐患	操作工	停产保养,8 h 的深度清扫、清洁	以吸、擦、抹为主的"微尘"清扫方式、清扫深入彻底,清扫效果好	设备、工艺、现场安全管理人员	22 个关键控制点
临时保养	全面彻底清扫	保持设备清洁,利于设备停机待产	操作工	停机收尾后 40 min	以吸、擦、抹为主	设备管理员、维修工	8 个关键控制点

三、点巡检体系

卷车间的维护模式要根据卷接包车间的设备及功能单元的重要程度进行分级,进而选择不同的状态检测方式。针对关键功能单元,主要选择在线监测方式和精密点检方式;针对主要功能单元,可以选择以维修工为主的专业点检方式,必要时可以采用精密点检方式;针对次要功能单元,基本采用以操作工为主的日常点检方式。

精密检测方法主要包含振动分析、噪音分析、红外成像、油液分析、温度分析等。

点巡检体系是指按照系统、先进、可行、高效的原则,建立规范的三级点检机制,即以操作工为主的日常点检、以维修工为主的专业点检、以技术人员为主的精密点检。不断提高设备预知性维修水平,确保设备安全、经济、高效、稳定运行。操作工主要是通过感官对设备开机和运行条件类因素进行日常点检;维修工主要是通过感官和借助监测工具对设备关键部位进行专业点检,分为机械专业和电气专业;技术人员主要借助仪器对设备关键部位进行定期精密点检。最后,利用长期积累的点检数据、图形、图像对三级点检产生的异常信息进行审核、分析、筛选,并提出维修建议;对维修结果进行跟踪验证,并根据点检及维修结果的相互比对,对点检标准进行持续优化。

四、状态维修

卷包设备是卷接包车间的关键设备。其追求的可靠性目标是设备零故障。主机及其辅联设备的预判性故障解决对运行目标的影响很大。在日常的维修过程中,通常会对部分单一的、出现故障后会造成卷包机组停机的辅助设备进行运行状态的观察,若能较准确地判断出设备前期故障隐患,则采用以状态为基础的维修体制,即状态维修。

状态维修是 RCM 主推的维修策略,是以设备当前的实际工作状况为依据,而非传统的以设备使用时间为依据。它通过先进的状态监测与诊断手段,利用热成像仪、测温仪、振动仪、噪声仪等先进的诊断设备,来识别故障的早期征兆,对故障部位、故障程度和发展趋势做出判断,最后根据诊断结果来决定对其进行更换或维修的过程。其主要特点在于修理的预知性、针对性、及时性和维修方案的灵活多变。

卷接包车间的生产牌号繁多,辅料更换较频繁,换牌换料维护是设备状态维护的重点工作。各牌号规格不同,工艺要求各异,加之辅料性能指标不同,需要设备不断适应辅料的要求,因此,卷接包车间可根据牌号不同、辅料变化或为保障卷烟工艺、保持设备效能、降低物料消耗而采取对应的状态性维修。

设备保障工艺是设备维护的基本功能。根据设备参数变化,卷接包车间主要对工艺检测设施点检和设备检测的工艺性能进行维护。

第三节　制丝维保模式

一、制丝设备维修策略

制丝遵循以状态维修为主,以定期维修、改善维修和故障维修为辅的维修原则。制丝工艺设备维修策略体系如表 5.3 所示。

表 5.3　制丝工艺设备维修策略体系

序　号	策略名称	主　要　意　义
1	状态维修	主要以三级点检为手段,发现设备各部位潜藏的故障隐患,从而对其进行维修的一种预知性维修策略
2	定期维修	主要针对部分设备的关键部位、维修难度大的部位,可采用周期性的定期维修策略
3	改善维修	主要针对一些故障发生过于分频繁、维修或更换的费用又很大的设备部位,可采用改善维修策略
4	故障维修	主要针对不影响生产正常运行、工艺质量指标类的设备故障,可采用故障维修策略

制丝工艺的维修人员的分工主要分为操作工自主维护、维修工专业维修和外协维修 3 种。典型的维修业务分工案例如表 5.4 所示。

表 5.4　制丝维修组织分工说明

序　号	分　类	分　工	说　　明
1	自主维护	清洁保养	操作工在停产倒班期间,以日、周、月为周期,对车间主机设备内外进行例保及深度清洁,清理设备生产过程中产生的污垢;在生产换批期间,即时对辖区内设备通道内部进行保养清理
		日常点检	操作工每天按照点检计划进行设备日常点检,并提交系统
2	专业维修	专业点检	维修工每天按照点检计划进行设备专业点检,并提交系统
		日常维修	白班维修工每天按维修任务对设备进行检修;跟班维修工在生产过程中,对突发设备故障进行抢修;白班维修工在停产期间按计划对设备进行检修
3	外协维修	设备大修	由设备厂家对设备进行专业全面检修
		设备改造	维修工配合外协专业维修单位,按要求对设备进行改造
		零部件外修	专业维修单位按要求对设备零部件进行加工、维修

二、制丝维保模式

制丝工艺是采用生产线方式生产的。与卷包工艺的离散机台式不同,制丝维保模型与生产组织和生产过程密切相关,与工艺质量的要求密切相关。制丝工艺一般采用班后日常保养、班中过程保养、停产深度保养、临时保养 4 类维护作业相结合的维保模式。制丝设备维保模型示意图如图 5.4 所示。

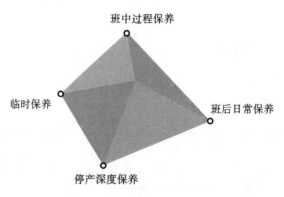

图 5.4　制丝设备维保模型示意图

第四节　动力维保模式

一、动力设备维修策略

基于动力设备的生产特点及设备类型,动力设备主要采用以故障维修为主、以状态维修为先、定期维修和改善维修并重的维修策略。动力车间维修策略体系如图 5.5 所示。典型的动力车间的维修资源配置图如图 5.6 所示。

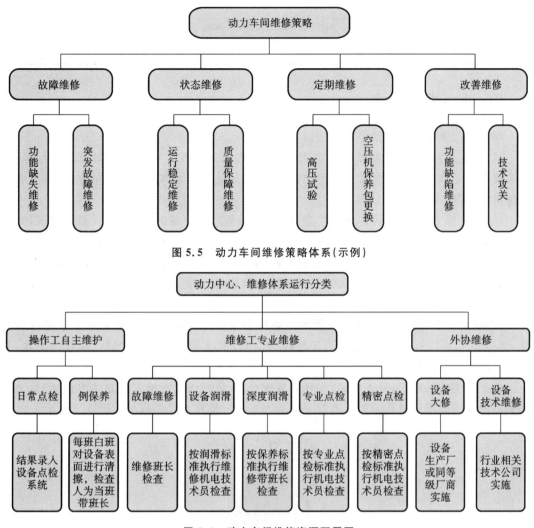

图 5.5　动力车间维修策略体系(示例)

图 5.6　动力车间维修资源配置图

动力车间检维修体系主要分为操作工自主维护、维修工专业维保和外协维修 3 种。具体维修业务说明如表 5.5 所示。

表 5.5　动力车间维修业务说明

序　号	分　类	业务名称	说　明
1	自主维护	日常点检	每班三次对设备进行巡检
		例保养	每班白班对设备表面进行清擦
2	专业维保	故障维修	维修工自主完成
		设备润滑	维修工自主完成
		深度保养	维修工自主完成
		专业点检	维修工自主完成
		精密点检	维修工自主完成

续表

序　号	分　类	业务名称	说　　明
3	外协维修	设备大修	维修工参与并配合专业人员完成
		设备技术改造	维修工参与并配合技术员完成

二、动力维保模式

动力车间维保模式大致可以分为以下3类。

(1)例保养:这类保养由操作工负责,当班为白班的操作工根据标准对设备进行保养。其主要内容是认真检查设备使用和运转情况,填写好运行记录本和保养工单,对设备表面进行擦洗清洁等。

(2)深度保养:这类保养由维修工负责,其目的是减少设备的有形磨损,消除隐患,为设备正常运行提供保障。根据设备的运行情况,对部分零部件进行拆洗、更换;检查调整传动机构的配合间隙,紧固各部位;对电气线路及装置进行清扫、检查和调整,对各传动部件进行清洗、换油,保证润滑正常;检查测定设备的技术参数,修复更换易损件,校验仪表,清洗或更换电机轴承等。

(3)状态保养:此类保养由专人负责。如根据空调过滤器前后压差对空调设备进行判断,当压差超过300 Pa时,则趁空调短暂停机期间,更换空调的滤筒、滤袋、板式过滤器,并对空调内部进行清扫。

以上3类维保模式,分工明确,责任人紧密合作,依照作业标准开展自主维保活动,力求达到以最少时间获得最佳维护保养效果。动力车间三维精益维保模型如图5.7所示。

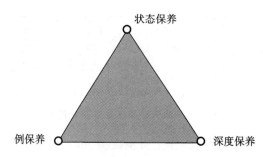

图 5.7　动力车间三维精益维保模型

第五节　维保模式的优化

RCM 分析方法是一种国际通用的系统工程方法。RCM 包含了维修策略、维修模式和维修思想。它以维修资源消耗最小化为目标,分析设备的可靠性状态,以此判断设备发生功能性故障的频率和故障后果的严重程度,从而确定各项维修内容,如维修方式、维修时机等,最后制订出预防性维修计划,以指导、改善维修工作。

RCM 强调以设备可靠性和故障后果作为依据进行维修决策,是一种综合考虑经济性和可靠性,并与设备故障诊断技术相结合的维修理论。

　　RCM 是建立在风险和可靠性分析的基础之上的,对设备的功能、故障模式进行系统化分析和评估,并从安全性和经济性两方面判断策略的有效、可行,是确定设备在其规定的使用条件下维修需求的综合性决策过程。因此,从本质上来说,RCM 是维修决策的一种系统化分析过程。在计划维护体系的基础上,引入 TPM、设备健康管理理论与工具,逐步实现从计划维修到状态维修的转化。

　　卷烟工厂通过对设备进行分类分级评价,推进设备精细化管理,明确重点管理对象,提高重点关键设备的受控力度,着重加强重点关键设备(如 A 类设备)的状态维修能力;通过在线监测与离线检测增强对设备的状态监控能力,从而提高设备预知性维修水平;对设备进行健康状态评估,根据评定结果对单项或多项设备进行有针对性的维修工作,逐步达到设备状态可控的目标。

第六章　现场改善机制

自 2008 年以来,烟草工业企业引入了 TPM 等科学的精益管理工具方法,并结合工厂实际和行业特点逐步应用这些工具方法,加强了卷烟工厂的基础管理,不断提升了现场管理水平,为设备管理水平的提升提供了支撑。

长期以来,宁波卷烟厂注重现场管理的规范和提升。其深知现场是企业的生命线,一切管理的落脚点都在生产现场,生产现场是创造产品价值的场所。《企业现场管理准则》的发布和现场星级评价活动的开展,为工厂的现场管理指明了方向。2015 年,结合烟草行业"精益十佳"活动的开展,工厂以创建行业十佳工厂为目标,系统推进现场创新活动。2016—2017 年,宁波卷烟厂的员工获得了"精益十佳"先进个人荣誉称号,其研究课题获得了"滕王阁"杯全国烟草行业精益改善达人大赛的课题创新奖项,其群英队获得了行业的"锋芒杯"行业优秀精益改善团队称号。

宁波卷烟厂坚持以发挥人员效能为核心,推进现场管理,使生产顺畅运行,优化生产节拍和减少损耗,保障产品质量。宁波卷烟厂以打造和构建与外部环境高度融合的优美自然环境,规范整洁、人性舒适的现场工作环境,营造员工积极进取、团结协作、互助友爱、和谐相处的良好人文环境为目标;以简约有效为管理理念,通过厂级、车间级和班组级的三级现场查检,推动现场管理水平。

宁波卷烟厂的卷包车间结合自身特点提出了"I.L.E.A.N"理念,其中,I 代表 Intelligent(智慧化),从 Learning(学习型)、Economize(节约型)、Automatic(自动化)、Normalize(标准化)4 方面出发,推行现场管理的精益化建设。动力车间和制丝车间通过打造五星级现场,夯实基础管理,强化基层班组的建设,提升现场管理水平。

第一节　6S 管　理

6S 管理指的是关注生产现场的整理、整顿、清扫、清洁、安全、素养的活动。卷烟工厂通过引入 6S 管理,营造干净、整洁、高效的工作环境,培养员工良好的素质。

6S 管理是卷烟工厂现场管理的重要内容。2009 年,国家烟草专卖局发布了《卷烟工业企业 6S 管理规范》[15],在烟草行业推行和规范 6S 现场管理工作。工厂主要依据 YC/T 298—2009《卷烟工业企业 6S 管理规范》、YC/T 485—2014《卷烟工厂可视化管理要求与评价》等规范对 6S 管理进行推进。

现场是车间的一面窗口。现场管理更是精益化管理的重中之重。宁波卷烟厂各车间以细致的工作态度,运用定置管理、看板管理、颜色管理、识别管理等管理工具方法,持续开展6S和可视化管理工作,使整理、整顿、清洁、清扫、素养深入到员工的日常工作中,营造干净、整洁、舒适、有序的工作环境,促成员工自我需求、自我改进、自我完善的积极转变,实现现场作业的规范有序,为其他各项管理活动的开展奠定基础。

车间把所辖范围内的所有工作都纳入6S管理的范畴,大到设备、设施,小到备件耗材,从设备到人员、从制度到规范、从评分标准到奖惩措施,都力求做到明确、细致。车间采取座谈会、现场交流、实地调查、员工提案等多种方式,遵循改善、巩固、提升的原则,全面查找现场管理过程中存在的问题和不足。根据问题的轻重缓急,车间制订了一系列可行性方案,对存在的问题进行逐一整改,并将其流程化、制度化、规范化,不断提升6S管理水平。

针对不同区域的不同情况,车间灵活运用不要物清理、定置定位管理、形迹管理、颜色管理等工具方法,形象直观地将潜在的问题显现出来。例如:对不同用途的管道,在安装调试的时候,管道外部就漆成不同的颜色,方便了日后的识别以及维修;对于外部有保护层包裹的管道,车间运用不同颜色的贴纸标识,并且注明文字,标识出管道用途以及管内物质的流动方向,绿色为水,红色为蒸汽,黄色为天然气,蓝色为压缩空气,如图6.1所示。

图 6.1 管道标识颜色区分

车间对整个生产现场予以了颜色区分,绿色为行走通道,浅灰色为操作区域;采用了一物一位的定置定位管理;按照形迹管理划定标准区域。车间现场的实物图如图6.2所示。

图 6.2 现场实物图

车间指定员工区域包干,维持现场的整洁,将不要物清除出现场,塑造清爽的工作场所。车间成立小组定期对现场进行全面检查,检查标识周围的环境情况,确保生产现场的整洁。

第二节 可视化与定置化

现场可视化与定置化是指明确生产现场的人、物、场所之间的关系,实施定置管理,促进现场规范,提升工作效率。可视化管理是以图片、文字、表格、标识等形式,实现作业标准可视、设备状态可视、过程控制可视,提高操作的准确性和规范性,并帮助员工及时发现设备异常、隐患和浪费。现场可视化与定置化的推行与6S管理同步进行,密不可分。

车间对人员着装、办公区域、现场设备、安全设施、生活区域5大块内容进行了详细的分析,对人员、设备、作业现场、生活区域、安全、信息系统等方面实施可视化管理。

可视化是设备管理的重要手段之一。车间对所有设备都进行了标识标注,使员工一目了然。设备点检标识标贴可指导员工每日对设备进行必要的点检;设备点检的重点予以标注,方便员工进一步了解设备。对设备的开关进行红绿颜色的分别,通过贴标识、上锁或挂牌等方式表明设备运行状态,减少事故的发生;在操作面板上标识各种工位状态,避免出现员工误操作的情况。设备的可视化管理如图6.3所示。

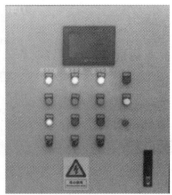

图6.3 设备的可视化管理

安全是生产稳定的基本条件,车间高度重视员工安全。车间通过将危险的事物予以显露化方式,达到使员工一目了然,刺激员工的视觉、唤醒员工的安全意识,从而减少危险事故的发生。

车间对消防设施进行了全面细致的目视化标识,在出现突发火情时,员工能在第一时间找到灭火器材,从而采取有效措施;火情较大时,员工可以通过安全应急灯和疏导图,有序地撤离现场。

车间设置了醒目的提示标识,对可能出现操作危险的区域,在进入该区域前设置指示牌,提醒员工注意劳动保护及操作安全。危险及劳动保护警示标志如图6.4所示。

车间系统在设计可视化的操作界面时,根据设备不同状态设计了不同的状态颜色,如图6.5所示,蓝色表示设备待机,红色表示设备停机,绿色表示设备运行,黑色表示设备失效或无通信。通过颜色识别,操作人员可以快速区分定位,提升工作效率。

车间通过6S和可视化管理工具的运用,使员工养成了良好的工作习惯和素养,降低了人员的误操作风险,确保生产现场的状态和信息在横纵两个方向都能够得到及时传递,做到生产任务与完成情况图表化,视觉显示信号标准化,帮助操作人员更加快速和简便地进行设备操作和管理,让车间操作人员更容易上手操作,解决车间人员结构和运维难题。

图 6.4　危险及劳动保护警示标志

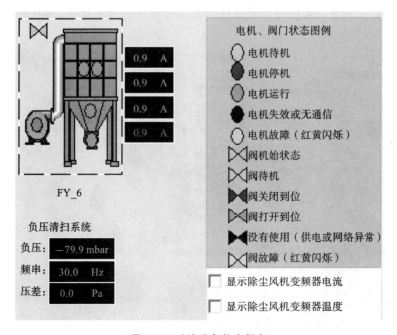

图 6.5　系统设备状态颜色

第三节 SOPS/SOP 标准化作业

标准化作业是通过建立 SOP 可视化作业标准,对以技术标准为主、以管理标准和工作标准为辅的标准化管理体系进行管理落地,优化流程,完善制度。通过标准编写、培训、宣贯、执行、修订的闭环管理,促进标准和员工素养的同步提升。

车间现场作业有三大管理难点:一是点多面广,不易控制;二是设备、作业多样,难于控制;三是人员多,工作量大,标准化作业容易被忽视。为克服现场管理中存在的各种问题,宁波卷烟厂卷接包车间以简单、实用、可靠为原则,突出过程管理和质量控制,将复杂的作业指导书简化为直观的、一目了然的形式,并利用 PDA 实现了生产作业现场的实时、闭环、可靠管理,从而保证了现场标准化作业能真正为生产、维保的一线人员所接受和使用,以及生产作业现场安全、质量、环保全过程的可控、在控与能控。

一、标准文件的编制与可视化

为解决管理文件不出文件柜的问题,车间对涉及生产岗位的各项管理规定进行分类整合,将之分为安全、工艺、设备管理等 3 个方面,形成可视化的《岗位作业指导卡》。在书面文件的基础上,设备管理团队制作了日保全过程保养标准视频,使现场执行有了更直观更准确的标准。针对操作岗位,车间建立了可视化标准操作流程(VSOP),包含岗位责任、关键工艺指标、设备结构分类、操作标准化流程等内容。其中,操作标准化流程分为生产前准备、生产和生产后三个阶段,将操作工在每个阶段需要的操作步骤、操作内容、技术要求、管理要求和安全等内容进行了整合并标准化;以作业时的时间轴为主线,清晰明了地规范了每个时间段该做什么与怎么做,以及遇到故障该如何规范处理。操作标准化流程的内容丰富、标准、实用。宁波卷烟厂的卷接包车间操作关键部位节点控制如图 6.6 所示,卷接包车间 GDX2 包装机的局部 VSOP 如表 6.1 所示。

序号	X2主机漏油点
1	盒模烟支隧动杆1
2	盒模烟支隧动杆2
3	不合格烟支组剔除杆
4	二号轮接杆
5	二号轮推杆
6	四号轮、烟包提升杆
7	内框纸顶杆
8	五号轮接杆、商标纸横向输送杆
9	五号轮
10	五号轮推杆与六号轮接杆
11	六号轮
12	七号轮接杆、提升杆

图 6.6 卷接包车间操作关键部位节点控制

表 6.1　卷包车间 GDX2 包装机的 VSOP(局部)

过程名称：GDX2包装机操作流程　　　　　过程类别：操作类　　　　　过程编号：

内部接口	标准操作步骤	关键节点图示	技术要求	管理要求	工作要求
MES任务下达 工艺标准发放 辅料发放 缺陷辅料处置	开始 → 查看交接班记录 → 接受生产任务、工艺标准 → 原辅料核对(不合格/合格)		MES系统的生产任务与工艺标准相符	进入MES系统做好完工确认	核对MES辅料结存是否相符
			辅料与生产任务和工艺标准相符	(1)查看过程中重点控制记录及设备运行记录,掌握产品及设备信息;(2)辅料放在黄色区域托盘内	(1)了解设备运行状况;(2)核对辅料是否符合生产工艺标准
	开启X2、4350压缩空气、电源		(1)电闸手柄处于"ON"状态;(2)气阀手柄处于"ON"状态	GDX2-4350PACK条提升器所有开关阀门接通,设备处在待运行状态	严禁用物体顶住电机保护元件强行开机
	班前清洁保养 → 安装X2设备胶辊及4350条盒涂胶器		胶水缸出胶顺畅	设备表面无积灰、油污、杂物,禁止在设备任何部位粘贴胶带、纸张及用铁丝绑扎机件	(1)旋转胶辊定位固定胶盘;(2)清洁商标成形轮及条盒吸胶嘴
	安装辅料 → 设备状态检查(异常/正常)		(1)盘车匀速;(2)烟支送盒模;(3)内无凌乱烟支	(1)按照设备运行要求安装辅料;(2)检查设备状态,确保符合运行要求;(3)将烟导入烟库;(4)设备各项技术指标符合安全运行要求;(5)生产现场落地烟支、纸张及时清理	(1)辅料安装到供料臂上,手动旋转锁紧卷芯;(2)手动盘车至盒模烟支剔除装置,确认烟支无异常,并可轻松顺畅转动;(3)空车情况下,按下设备复位键,以消除故障红色预警,提前排除故障;(4)将烟支引入烟库至7-6-7排列的下烟槽
查询故障处理表或通知维修工	手动盘车,引入烟支至烟库				
设备调整或通知设备维修工进行维修	低速运转设备 → 小包、条包首检(不合格/合格)		(1)在无故障指示或排除故障后按下复位与启动按钮,低速启动设备;(2)车速控制在200包/分钟左右	产品达到工艺质量要求后方可放行并继续运行设备	设备处于低速运行,检查产品质量
	开启条烟输送通道		(1)小包/条包产品首检符合工艺要求;(2)手动调节车速至最高	产品达到工艺质量要求后方可放行并继续运行设备	检查产品质量无异常后机器设定为全速并开启条烟提升器
缺陷产品处置	全速运行设备 → 产品自检(不合格/合格)		(1)每隔15 min自检自查一次;(2)及时排查常见故障	(1)生产过程产品质量处于可控状态;(2)填写《生产过程控制记录表》	通过自检、自查对产品质量动态监控
查询故障处理表或通知维修工维修	设备巡检(不正常/正常) → 适时更换辅料		辅料安装到供料臂上,手动旋转锁紧卷芯	设备各项技术指标符合安全执行要求	(1)按照设备运行要求安装辅料;(2)检查设备状态,确保符合运行要求
换牌作业流程	更换牌号(是)				

同时,车间在每个机台的电脑终端屏幕下方设置了生产标准二维码。员工在生产过程中只要用手机扫一下机台上的二维码,就可以进入生产标准 H5 界面。该界面将生产标准规范分类整合,内容包含上述提到的各项标准文件。界面直观清晰,获取便利,可随时查阅,使生产操作规范标准化、可视化、直观化,可增加员工主动查阅的次数,避免了现场纸质文件杂乱、易损坏的缺点,提升了现场的生产规范和生产效率。

二、标准化作业的成效

随着标准体系的日臻完善以及标准管理的宣贯和考核的进一步加强,标准体系建设的积极效应得到了有效的发挥。标准执行后的半年,宁波卷烟厂的卷接包车间设备的有效作业率相比去年平均提高了 2.91 个百分点。车间的技师团队对新员工的操作技能做了跟踪记录,结果表明通过标准体系的全面宣贯,新员工进一步熟悉、掌握了与本职工作密切相关的制度内容、工作流程和相关规定,逐步养成了按制度、按流程办事的工作习惯,取得了积极的现实效果。新员工在标准体系宣贯前后的技能对比如表 6.2 所示。

表 6.2　新员工在标准体系宣贯前后的技能对比

项目内容	新员工培训前掌握情况	新员工培训后掌握情况
开机时间/min	24.75	19.83
换牌时间/min	31.13	26.88
技能考试通过率/%	69.7	81.6
理论知识考试/分	66	80

第四节　看板管理工具

看板管理是精益管理的核心工具,是通过全面应用可视化的机台岗位电子看板,将生产操作、维修、工艺质量、安全、管理等岗位的工作全部落地到现场,形成保障机台质量工艺目标的看板拉动机制。对集成生产管理、质量管理、设备维护、安全生产、班组建设、知识管理的操作界面进行简洁直观的操作,形成各岗位操作层面的数据录入、标准执行反馈和检验、检查的闭环控制,实现源头数据采集和可视化过程管控,成为各类精益管理的机台支点和入口。

卷接包车间还把信息技术的应用推广到了现场管理的方方面面,并不断吸纳新的管理模块,形成了区域全包、内容全面的立体信息化管理结构。本着现场管理精益求精的态度,车间根据实际情况,逐步导入了人员管控、设备维护、现场环境治理等多方面的信息技术管理方式。在行业内,宁波卷烟厂的卷接包车间实现了首批现场全区域范围内电子看板的全覆盖,从车间入口、管控中心、生产现场的电子屏,到维修间的电子维修呼叫显示屏,如图 6.7 所示,再到各机台终端显示屏,如图 6.8 所示,整个车间信息共享与管控水平得到了全面提升,为现场管理打下了坚实的基础。

图 6.7　维修间的电子维修呼叫显示屏

图 6.8　机台终端显示屏

第五节　现场改善与人才培养

宁波卷烟厂制定了《创新工作管理考核办法》,形成了以项目(课题)与人才培养相结合的现场改善机制,在创新分配和考核等制度层面进行了重新设计,进一步鼓励全员进行创新以及创新成果转化。宁波卷烟厂年度质量改进项目立项了 300 多项,积极推进科技创新成果,并在公司、行业、全国评奖中取得佳绩;获得了质量改进成果奖 113 项,专利发明成果奖38 项,科技论文成果奖 24 项;获得了烟草行业优秀质量管理小组成果引进应用奖 2 项;获得浙江省优秀 QC 成果一等奖 4 项,中国质量协会质量创新项目二等奖 1 项,中国质量协会质量技术奖优秀精益管理项目 1 项;获得了全国优秀 QC 小组等称号。

宁波卷烟厂建立了三条通道,即管理、技能、专业技术,给予了员工完善的成长通道。人教部门细化公司的各项培训管理制度,建立适合宁波卷烟厂的实施管理办法,总结出常规性和临时性的培训体系,建立了员工个人能力提升的制度标准和人员储备制度。各生产部门均建立了常态化的培训制度,实现了车间内部的培训,建立了完善的岗位工作标准。

宁波卷烟厂建立了邵坚铭国家级大师工作室。工作室现有 11 名成员,涵盖电气、机械、工艺、信息等各专业的设备管理人才。该工作室主要开展培训,承接科技创新,完成多项课题,做好知识传承。工作室有实际的工作间,有配套的硬件设备,既能够参与维修人员的选拔,又能传授技艺,逐渐形成一个专家库。

宁波卷烟厂还建立了跨部门的装备技术和信息技术两个虚拟团队,以信息中心牵头,抛出课题,从而让更多的员工参与进来,培养更多、更实用的人才。

扩展阅读

一、ZB47 上的条盒自动添加装置改善的案例

2017 年,卷接包车间联合许昌烟机改进了条盒自动添加装置。改进前如图 6.9 所示,条盒添加全过程都由人工完成,主要存在以下 2 点问题。

(1)添加频率高:人工添加一次为一刀 250 张,添加装置上最多能放置 1000 张,按高速机组 50 条/min 的速度计算,不到 20 min 就需要再次添加。

(2)添加操作不便:条盒放置器位置较高,身材娇小操作人员需要到台阶上完成操作。

改进后,如图 6.10 所示,条盒添加装置在包装机添料处实现了条盒自动添加,人工只需要完成输送器前端的条盒放置。整个输送器能缓存约 6000 张条盒,人工添加频率降低至 2 h 一次,是改进前的 1/6。同时,改进后,条盒人工添加操作也较改进前便利。

条盒自动添加装置已在一台高速包装机组 ZB47 上得到了应用,如图 6.11 所示。宁波卷烟厂卷接包车间计划后续再向其他 3 台 ZB47 型包装机组进行推广,并研究向其他机型的包装机推广的可行性。

图 6.9　改进前条盒添加

图 6.10　改进后条盒添加

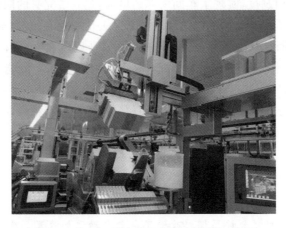

图 6.11　ZB47 型包装机条盒自动添加装置

二、ZJ112 的盘纸自动拼接装置改进

ZJ112/ZB47 型包装机可实现 10 000 支/min。引入初期,该设备卷烟机部分的盘纸拼接需要操作人员手工完成,盘纸拼接费时费力。盘纸长度 L 为 4500 m,一支普通过滤嘴香烟剔除滤嘴的长度 N 为 59 mm,按车速 S 为 10 000 支/min 计算,可求理论拼接频率 T,即操作人员每隔 7.62 min 就要更换一个盘纸,更换频率高。

$$T = \frac{L}{NS} = \frac{4500 \text{ m}}{0.059 \text{ m} \times 10\,000 \text{ 支 /min}} = 7.62 \text{ Hz}$$

单次人工盘纸拼接需要经过 5 个步骤:盘纸领取,辅料扫码,盘纸安装,拼接处贴双面胶,拼接完成后废料回收。其中第三个步骤盘纸安装需要将盘纸穿行通过四个胶辊,花费时间最长,且对员工的操作水平要求高,一有失误就容易造成拼接失败。ZJ112 型卷烟机的盘纸拼接穿线示意图如图 6.12 所示。

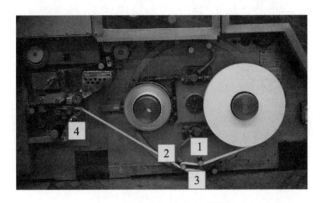

图 6.12　ZJ112 型卷烟机的盘纸拼接穿线示意图

根据宁波卷烟厂操作人员劳动竞赛结果,7 个操作人员各完成 8 次操作,可知在整个拼接过程人均花费时间为 16.51 s。ZJ112 型卷烟机的盘纸拼接时间统计如表 6.3 所示。

表 6.3　ZJ112 型卷烟机的盘纸拼接的时间统计

序　号	姓　名	盘纸拼接时间/s								平均时间/s	总平均时间/s
1	严护枫	15.21	16.13	16.55	14.93	15.82	15.45	16.57	15.85	15.81	
2	朱建刚	14.52	15.31	14.97	15.24	14.56	14.37	15.14	15.34	14.93	
3	马增官	18.26	18.65	19.13	19.21	19.54	18.95	19.31	19.14	19.02	
4	温如峰	17.31	16.45	17.01	16.85	14.57	16.87	16.94	16.54	16.82	16.51
5	王晨逾	16.58	16.32	16.87	16.24	14.78	14.32	16.97	15.98	15.87	
6	周夏	15.42	15.68	16.24	15.98	15.47	15.96	16.21	15.78	15.84	
7	冯琪	16.84	17.58	17.86	17.21	17.15	16.98	17.45	16.87	17.24	

为提高工作效率,降低操作人员的劳动强度,车间给 ZJ112 型卷包机引入了盘纸自动拼接装置,ZJ112 型卷烟机的盘纸自动拼接装置如图 6.13 所示。这样操作人员只需要一次性放置好盘纸就能完成盘纸自动拼接。

图 6.13 ZJ112 型卷烟机的盘纸自动拼接装置

第七章　成本管控机制

成本管控要紧紧围绕行业高质量发展的战略任务。以设备管理精益化为目标，以控制运行费用规模、优化费用使用质量为根本任务，建立健全相关工作机制；通过费用使用过程的精准控制和持续优化，不断提升设备运行费用的管控水平，从而更好地实现企业的提质控本增效和设备综合效能的最大化。

成本管控需要对设备运行费用实行全面预算和定额管理。将定额目标按业务条线逐层分解到部门、产线、机台，对运行费用实施全面控制。对运行费用管理中的共性难点问题进行重点解决，对费用消耗较高的业务流程实施重点控制。

推进纵向和横向的管理对标活动。通过企业内部对标与行业标杆值对标等方式，发现短板，明确原因，创新工作方法和手段，补强弱项，持续优化改进，逐步提升企业设备运行费用的管控水平。

第一节　设备运行费用构成

设备运行费用是指为满足产品工艺需求、维持设备正常运行，在设备的修理和维护等方面投入的资本性支出、费用性支出和燃料动力费用。其中，设备是指包含但不限于制丝、卷接包装、滤棒成型、动力能源等部门用于产品的加工、存储、回收等流程的机器、设施、装置、仪表仪器和机具等固定资产。

资本性支出费用包括设备大修理费用、达到设备资产增值要求的项目修理费用和设备改造费用，以及为增加主机功能而新购置的、作为新增固定资产的功能部件的费用。

费用性支出费用包括达不到设备资产增值要求的项目修理费用、设备改造费用和日常修理费用。其中，日常修理费用是指生产设备及配套设施在日常修理、维护保养中消耗的备品、备件费用，以及委外设备的修理保养、设备检测、仪器检定等产生的费用。

燃料动力费用包括设备生产运行直接消耗的水、电、燃料等费用，制造蒸汽、压缩空气、供暖、制冷等所消耗的水、电、燃料费用，外购蒸汽及其他能源产生的费用。

第二节　设备成本管控方法

成本管控坚持全面预算管理即围绕设备运行费用的预算编制、执行控制、统计分析与优化改进等费用过程开展精益管理工作。加强预算制订的合理性，控制费用执行的规范性，提升费用使用的经济性;从费用运行过程上控制设备运行费用的规模,提升费用的支出质量。

一、加强费用的预算提报管理

细化预算提报。编制设备运行费用预算时应按照预算管理的相关要求规范进行。预算编制应结合运行费用支出的历史数据,综合企业设备役龄、生产特点、管理要求等实际,综合运用固定预算、零基预算和弹性预算等方法,做细固定预算、做实零基预算、做准弹性预算,从而做好预算工作。

费用执行部门向预算归口部门提报预算时,应按照费用特点和用途对预算进行分类、分层细化。大修理费用、项目修理费用、设备改造费用的申请要根据部门设备的性能和实际需求提报。提报时应提供当前设备存在的问题、项目内容、项目实施进度及实施预期效果等资料,对预算的合理性和必要性进行翔实说明。

日常修理费用预算主要参照往年的费用执行情况,在此基础上根据实际需求,核定预算申请规模。燃料动力费用预算主要参照往年的单位产量燃料动力费用消耗情况和年度计划产量来确定,同时应考虑价格因素影响。费用执行部门对日常修理费用和燃料动力费用的提报参照以下方法。

(1)日常修理费用提报定额=近3年年均日常修理费用×(1-费用降低比例目标值)±年度需要增减的非规律性日常修理费用。

(2)燃料动力费用提报定额=近3年单位产量燃料动力费用均值×本年度计划产量预算×(1-费用降低比例目标值)±价格波动因素增减值。

严把预算审核。设备运行费用归口部门和预算管理部门逐级对预算提报进行评审。审核工作结合预算目标、要求和原则,核查提报预算的符合性、内容的准确性、依据的翔实性。根据年度预算提报情况和生产经营目标,对预算进行审议平衡。

大修理、项目修理、设备改造等项目的费用预算应建立相应的立项标准,对项目进行必要性、适用性、合理性和可行性的论证。项目费用预算时应参考近期本单位或本行业其他企业相类似的大修理、项目修理和设备改造费用来进行预算编制。设备改造立项以工艺要求和生产需求作为主要判断依据。设备大修理、项目修理立项标准参照如下方法。

(1)设备进行大修理需要同时满足以下条件。

①设备累计运行时间 $>\mu_1$。

②设备运行效率 $<\mu_2$。

③加工产品合格率 $<\mu_3$。

④设备资产折旧率 $>\mu_4$。

⑤设备大修理指数 $>\theta$。

设备大修理指数=设备资产折旧率 $\times \alpha_1 +$ (1-设备运行效率) $\times \alpha_2 +$ (设备累计运行时间-累计运行时长阈值) $\times \alpha_3 +$ (1-加工品合格率) $\times \alpha_4$,其中,μ_1、μ_2、μ_3、μ_4 分别为对应项的阈值,参数值可根据相关要求、使用经验和自身需求实际自行设定。卷包设备累计运行时间 μ_1 一般大于 30 000 h。在大修理指数的计算方法中,α_1、α_2、α_3、α_4 分别为对应项目的权重系数,参数值可根据经验、自身需求实际,采用调查表打分法确定;θ 为计算的设备大修理指数,在使用时参数值根据经验和自身需求自行设定。

(2)设备进行项目修理需要同时满足以下条件。

①设备运行效率$<\beta_1$。

②加工产品合格率$<\beta_2$。

③设备项目修理指数$>\gamma$。

设备项目修理指数$=(1-$设备运行效率$)\times\lambda_1+(1-$加工品合格率$)\times\lambda_2$,其中,β_1、β_2分别为对应项的阈值,参数值可根据相关要求、使用经验和自身需求实际自行设定。在项目修理指数的计算方法中,λ_1、λ_2分别为对应项目的权重系数,参数值可根据经验和自身需求实际采用调查表打分法确定。γ为计算的设备项目修理指数,在使用时参数值根据经验和自身需求自行设定。

在对日常修理费用进行预算时应参照过去几年的预算规模和预算执行情况、万支卷烟日常修理费用、万元资产日常修理费用等,综合考虑年度产量计划、备件与服务价格等因素。日常修理费用预算定额参照如下方法。

设备日常修理费用预算定额$=$〔近 3 年万支卷烟日常修理费用年均值$\times$计划产量预算(万支)$\times\omega+$近 3 年万元资产日常修理费用年均值$\times$本年度年初资产(万元)$\times(1-\omega)$〕$\times(1-$费用降低比例目标值),其中,ω为参数值介于 0 到 1 之间的权重调节因子,参数值可根据经验和自身需求实际自行设定。

二、严格费用的执行控制

实施预算定额分解。预算发布后,卷烟工厂依据预算的下达情况,结合预算申报信息,对预算进行主题分解,合理规划大修、项修、改造项目,控制委外维修保养的规模;对日常维修费用进行月度分解,根据往年的生产规律特点,综合时间和产量均衡预算分配,明确月度执行定额。

控制费用支出流程。严格费用支出的审批流程,确保支出有计划、有审批,要与会计核算、资金管理、招投标管理、合同管理、目标管理等相结合,并建立预算执行控制的预警机制。

控制费用规范性支出。坚持先预算、后使用的原则,依据预算控制费用的执行,严格禁止预算外的资金使用。规范预算费用的使用范围,杜绝各类预算的相互交叉、挪用、借用,确保费用专项专用。

控制费用执行进度。按照主题分解,控制大修、项修、改造项目进度。按照预算月度分解,控制日常维修费用和能源费用支出,避免为节省费用造成设备失修,为完成预算任务而突击支出等现象。费用执行进度控制参照以下方法执行。

费用执行进度应满足下列 2 个条件。

(1)$|($本月度日常修理费用发生额$-$本月度日常修理费用定额$)/$本月度日常修理费用定额$|<10\%$。

(2)$|($本月日常修理费用发生额累计值$-$至本月日常修理费用定额累计值$)/$至本月日常修理费用定额累计值$|<5\%$。

三、细化费用的统计分析

以适应设备精益管理的需求为方向,准确、全面、及时、高效地完成设备运行费用分类统计工作。根据设备运行费用发生的全过程、全要素,分类别、分条线地细化费用的统计工作。

做好运行费用的统计。以设备管理部门为主导,业务部门协同,准确、全面、及时地做好设备的大修理、改造费用、委外维修和保养费用、检定检测费用、能源消耗费用和备件领用记录等数据的记录。能源管理部门应做好能源消耗数据的分类归集与统计。设备管理部门应严格日常统计工作的监督,做好费用数据质量审核。

细化费用的精益统计范围。一是细化业务类别统计。按照零配件消耗、委外维修和保养等业务维度细化对日常维修费用的分类统计。二是细化备件种类统计。按品种、类别、专用、通用、进口、国产等属性来分类统计零配件消耗。三是细化时间维度统计。按照周、月度、季度等时间粒度来统计备件消耗,并清晰记录运行时间。四是细化费用流向统计。建立备件消耗费用归集到车间、机型和主要单机设备的跟踪统计,逐步建立起制丝线设备定额到主机设备和卷接包设备定额到设备机台的维修定额机制。

费用执行的分析与改进。依托费用统计分析数据,加强对费用执行的分析。设备管理部门建立定期的设备运行费用执行分析机制,参照预算分解计划,分析预算执行偏差,评估预算执行的效率和效果;依据分析结果,提出改善建议和提升措施,控制费用支出进度与计划的一致性,提升费用的支出效果。

费用异常的监督。要形成对设备运行费用异常使用情况的常态化监督,重点对日常维修费用特别是零配件的消耗情况进行监督。充分利用统计数据,对月度费用异常波动、机台费用异常变化、备件具体品种耗用金额、频次异常偏离等情况进行监控,特别是要加强对价值较高零配件、连续长时间无领用记录和领用频次异常零配件的管理,及时发现问题、分析问题、解决问题。

第三节 成本优化措施

采取精益管理措施,发现和改进设备运行费用使用的不精益环节,从费用执行上控制设备运行费用的规模和质量。

一、加强日常维修管理,控制维修费用

(1)制订合理的维修策略。建立涵盖事后维修、计划维修、预防维修、可靠性维修等方式相结合的维修体系。依据设备的类型、役龄、故障特征和故障损失等要素,细化不同设备、不同故障的维修策略。在降低失修造成停机风险的同时,还应避免过度维修造成的浪费。

(2)推进状态维修。发挥设备状态在线监测和离线检测装置的作用,注重对状态数据的收集和分析,及时了解设备运行的状态水平。根据设备状态指导维修工作,做到早发现、早解决,将设备异常和设备故障解决在初始状态,有效地避免故障的发展和传递,用最小的投入避免故障的发生。

(3)合理降低委外维修比例。注重企业自身技术力量的作用,充分发挥企业自身人员的积极性、主动性和创造性,加大自主维修、改造、系统升级等的比例,降低委外维修费用;加大自主清洁、保养、润滑等的比例,降低委外保养费用;加大自主点检、状检、数据分析、自动化程序设计等的比例,降低委外运维费用。

(4)开展日常维修费用指标分析。加强对设备日常维修费用指标的监控与分析。以备件费用、委外维修费用等指标为重点,开展目标管理和指标对标。监测指标完成情况,对费用指标开展横向与纵向的对比,分析问题并制订针对性的改进措施。

二、细化备件管理,控制备件消耗

(1)合理备件费用的分配策略。根据各部门备件领用和备件费用支出情况的历史记录,采用定额管理方式,制订部门备件费用计划。按领用部门的备件类型、机型、机台等属性,细化备件消耗的分类,掌握近几年的备件消耗特点,分析其规律性的固定支出和临时性的随机支出。依据备件消耗的历史数据,结合支出特点,综合固定支出与随机支出、大修、项修、改造计划和费用压缩任务,制订备件费用计划。

(2)精准掌握备件的消耗。严格备件的领用制度,规范备件的领用记录。细化备件出库记录管理,详细记录领用备件的用途,开展包括备件、领用人、出库时间、使用设备、使用时间等要素的全流程管理。精准掌握备件的流向和使用状态,避免备件的遗失和出库闲置,提高备件的利用率。

(3)开展备件消耗的精益研究。根据备件的领用记录,对不同备件开展寿命周期跟踪研究,优先开展关键备件的研究,掌握不同设备的备件消耗特点,把握备件的使用规律。依据备件的寿命特点,指导备件精准更换,保障设备的正常运行,避免过度更换造成的浪费。

三、控制库存资金占用,加快备件库存周转

(1)制订备件的库存规划。综合考虑生产计划、生产组织模式、资金占用率、资金周转率、单箱消耗等方面的因素,制订备件的库存规划,不断提高库存的服务水平。综合备件的供应周期、备件的寿命周期、备件消耗的历史记录和备件领用的历史记录等信息,探索建立备件的安全库存,寻找满足备件需求和降低备件库存的平衡点,努力提高备件的周转率。

(2)控制备件的库存规模。进一步发挥备件寄售制的作用,通过比价竞标,加大重点备件、贵重备件的寄售比例,有效降低备件的采购费用和备件的资金占用率。建立省级工业公司内各工厂的备件调配机制,加强备件共享,通过调配加快备件的流通周转,实现备件资源的优化配置。

(3)控制备件的价格。利用公开招标,引入市场竞争,选择优良的供应商和合理的备件价格;采用集中批量采购等方式,努力降低备件的采购价格。加快备件国产化的步伐,做好国产备件的使用。

(4)开展修旧利废。充分发挥企业自身维修力量,对部件总成、高价值备件进行修复利用;建立激励和责任相结合的机制,在保障修旧利废质量的前提下,调动员工开展修旧利废的积极性。对委外修复的备件,应做好修复质量的评价工作。

四、优化项目管理,控制项目费用

(1)充分利用公开招标方式。设备费用预算及项目批复后,要严格按照行业和公司的相关采购、招投标管理等规定开展招标采购工作。严格审查竞标企业的资质资格、技术水平和服务能力。

(2)规范项目的合同。对大修、项修及改造合同的签订、履行、变更、解除、监控、归档等进行规范管理。按一项一卷的要求,收集项目实施全过程的资料,形成项目文件卷宗,确保项目实施全过程的可检查、可追溯。签订设备大修理、改造项目合同时,要细化、量化技术条

款的相关要求,做到可测量、可跟踪,确保项目实施效果的可验证。

(3)严格项目的实施过程。制订科学、紧凑、合理的项目实施计划。按照项目实施计划,实施项目,避免等待浪费。项目实施要充分考虑生产计划、人力投入、安全标准、软硬件环境、环境保护等因素,做好项目实施的风险识别与评估。加强项目实施期间备件消耗的控制,强化实施质量。注重新技术、新材料、新工艺的应用,提高设备性能。

(4)严格项目的验收。项目验收时要依据合同和技术条款的具体要求,逐项进行效果实测并记录相关数据,提出明确的验收意见。项目验收后要持续跟踪实际的使用效果,出现异常时及时完善。在项目质保期满之前征询使用部门的意见,符合质量要求后再进行质保金支付。

五、强化能源管理,控制能源消耗

(1)开展能源的消耗辨识。按能源介质分类追踪能源的使用流向,全面掌握企业设备的用能情况。以能源管网为路径,细化能耗到部门、到区域、到设备,建立用能档案,明确部门、区域、设备的用能种类、用能工艺标准、能耗水平等情况。梳理出能耗的重点部门、区域和设备,并给予关注。

(2)实施能源的定额管理。参照单位能耗的历史数据,综合本年度产量计划和价格因素,制订能源的定额目标。严格能源管理,制订企业能源的工作目标、指标及实施方案,并对目标、指标及实施方案的完成情况进行监督检查。

(3)优化生产排产,提升能耗质量。提高生产排产的质量,加强制丝批次的排产水平,努力做到准时生产、多批次集中连续生产。避免因生产不紧凑造成的待机时间长、预热次数多等造成的能源浪费,实现能源按需供应、按时供应,提高能源的利用率。

(4)实施能源管网的多级控制。对能源管网,应设定到部门、到区域、到重点机台的多级控制,保证能源供应的柔性与灵活性;确保能源供应与生产设备、生产区域的准确供给;避免粗放式的能源供给造成的能源的无效损耗。

(5)建立多级能源计量体系。推进多级能源计量网络的建设,建立涵盖厂级、部门级、重点区域级、重点设备级的多级能源计量体系。通过多级能源计量体系,实施用能监测,及时发现能耗的异常情况,精确管控企业用能。

(6)开展能源的管理改进研究。加强对能源管理的研究,引导和鼓励能源管理部门和使用部门通过六源查找、QC活动、小改小革、课题攻关等创新活动,探索出可通过治理跑冒滴漏、优化操作方法、技术改造、能源替代、运行强度调节、生产节奏优化等方式来降低能源消耗。

第八章　可靠性评价体系

设备绩效评价体系是开展可靠性评价工作的基础和依据。在此基础上可开展针对设备本体的状态评价活动和针对管理行为的绩效评价活动。设备绩效评价是烟草行业许多卷烟工厂长期探索和实践应用的方向，并取得诸多应用成效。

第一节　行业绩效评价体系

为了进一步提升行业的设备管理水平，建立健全行业的设备管理体系；引导卷烟工业企业加强设备绩效管理，运用先进管理技术，创新管理方法，推进设备管理的精益化；更好地为"卷烟上水平"提供技术装备支撑和保障，烟草行业依据《中国烟草总公司设备管理办法》（试行），建立了中国烟草总公司卷烟工业企业设备管理绩效评价体系[16]（以下简称绩效评价体系）。

绩效评价体系主要由设备管理绩效指标库、评价方法组成，以行业设备管理信息系统（以下简称信息系统）为数据采集和处理平台，实现指标数据的收集、汇总、核算和综合展现，形成设备管理绩效评价工作的完整体系。

通过对行业设备管理绩效指标的核算、汇总、发布，引导卷烟工业企业自觉开展指标比对；明确设备管理水平定位，认识差距，分析原因，寻找办法，制订措施，改进提高，形成提升设备管理绩效的良性循环。通过设备管理绩效评价工作的持续开展和重点评价指标的适时调整，引导卷烟工业企业围绕行业发展要求和设备管理工作的重心，有针对性地开展设备管理工作。

设备管理绩效评价指标分为 7 类：设备效能类、设备运行状态类、设备维持成本类、质量类、原料消耗类、辅料消耗类、设备新度类。根据设备管理精益化的需要，设备管理绩效评价指标分解到设备类型或机型。

设备管理绩效评价指标及其分解可用设备管理绩效指标库框架来表示。设备管理绩效指标库框架如图 8.1 所示。

（1）设备效能类指标：反映设备投入产出情况和产能利用水平，包括设备的投入产出率、产能贡献率 2 个指标。根据需要，指标分解到主要设备类型或机型。

（2）设备运行状态类指标：反映设备使用过程中的设备效率和技术状态，包括设备利用率、设备运行效率、设备台时产量和设备完好情况 4 个指标。根据需要，指标分解到主要设备类型或机型。

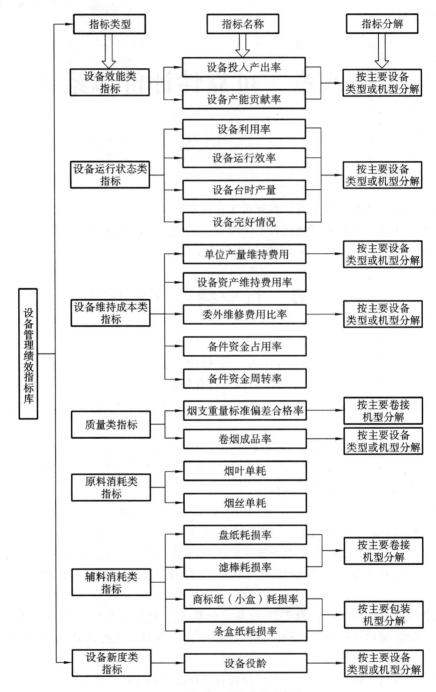

图 8.1　设备管理绩效指标库框架

　　(3)设备维持成本类指标:反映设备使用过程中的维持成本,包括单位产量维持费用、设备资产维持费用率、委外维修费用比率、备件资金周转率和备件资金占用率 5 个指标。根据需要,指标分解到主要设备类型或机型。

　　(4)质量类指标:反映设备的产品质量保障水平,包括卷烟成品率、烟支重量标准偏差合格率 2 个指标。根据需要,指标分解到主要设备类型或机型。

（5）原料消耗类指标：反映设备的原料消耗控制水平，包括烟叶单耗、烟丝单耗 2 个指标。根据需要，指标分解到主要设备类型或机型。

（6）辅料消耗类指标：反映设备的辅料消耗控制水平，包括盘纸耗损率、商标纸（小盒）耗损率、条盒纸耗损率、滤棒耗损率 4 个指标。根据需要，指标分解到主要机型。

（7）设备新度类指标：反映设备新旧程度，包括设备役龄指标。根据需要，指标分解到主要设备类型或机型。

第二节　绩效评价体系内容

借鉴行业设备管理体系的评价方法，结合卷烟工厂设备管理的实际情况，主要采用设备本体状态评价和设备管理绩效对标这两种方法开展绩效评价工作。

一、设备本体状态评价

设备本体状态评价可以划分为三级评价机制。

第一级是部件级的状态评价，主要通过状态检测机制实现。通过三层智能点巡检机制，利用在线或离线的诊断工具对具体的设备部位、部件的异常趋势进行监测和智能诊断，及时发现问题和缺陷源。

第二级是设备本体健康评价。建立设备本体健康评价指标，划分为设备状态管理、运维管理和效能管理 3 个维度。通过设备信息系统采集分析数据，定期对设备进行自动评价；将设备健康指数输入到可视化电子看板，各级岗位可即时掌握设备健康状态；指导制订设备维修计划；导向分析设备技术标准、运维过程管理等方面存在的问题，实施针对性的改进。

第三级是资产风险评估。在设备健康状态评价之后进行资产风险评估。由设备健康指数折算出设备平均故障概率，由资产可能的损失和设备平均故障概率计算出风险指数。通过风险评估确定设备面临的和可能导致的风险及优先级排序，为资产投资计划的编制和大项修、更新、新增、技改等工作的决策提供量化依据。

二、设备管理绩效对标

1.设备管理绩效对标的定义

设备管理绩效对标就是对比标杆找差距，对设备运行的管控过程进行横向对比，找出差距，消除短板，追求卓越。设备管理绩效对标属于过程指标，是通过管理过程指标来保证结果指标。

设备管理绩效对标通过开展绩效、费用、能源等多种类、多层级的对标工作，对照行业先进指标水平，查找影响设备运行效率和产能贡献率的相关问题；分析原因，优化指标，持续改进；加强数据的分析和应用，不断提升设备管理的水平和能力，从而推动设备管理绩效评价工作的细化和深化。

2.三级绩效对标体系及指标

根据行业发布的绩效指标结果值、行业平均值、阶段目标值等，结合企业设备管理绩效指标结果值,自觉开展纵向、横向和标杆值比对分析工作。通过纵向比对,客观认识企业设备管理水平的发展与变化;通过横向比对分析,明晰企业设备管理水平在行业中的定位;通过标杆值比对,明确企业设备管理的目标和方向。

将重点目标相关指标和支撑指标作为对标指标,进行承接和层层分解,建立管理级、设备级和参数级三级对标机制。

(1)管理级比对。侧重对行业指标的横向对标。锚定工厂设备管理绩效的行业排名;标定工厂设备管理运行的实际状态;关键在发展层面发现内生问题,把握方向。

(2)设备级比对。侧重对内生问题的垂直分析。自上往下解构管理链条中的各个环节;从前到后解构生产链条中的各个细节;关键在技术层面找到具体短板,制订策略。

(3)参数级比对。侧重对具体短板的持续改善。聚焦最小颗粒分度的实时对比;紧盯最大波动趋势的全时对比;关键在实施层面解决根本原因,攻克瓶颈。

第三节 设备可靠性评价

设备可靠性评价即设备可用性和稳定性,主要采用 MTBF 平均设备无故障时间等指标。可靠性是指系统或设备在常用的时间或行程内和一定的使用条件下完成各项性能指标的能力。

在产品的设计研制阶段、生产制造阶段、使用返修阶段等都可能发生故障,因此,可靠性数据来源于产品的整个寿命周期。使用返修阶段的故障数据、维修数据等数据真实可靠,因此在可靠性分析中往往具有更高的价值。目前,可靠性数据一般来源于可靠性试验和实际使用现场。

一、可靠性数据的特点

(1)可靠性数据一般用时间来进行描述,例如,可以用系统的无故障间隔时间来反映其可靠性,也可以是广义的时间概念,比如产品的使用周期、距离或次数等来反映其可靠性。

(2)设备发生故障的时间是随机的,一般认为故障时间为随机变量。

(3)设备的使用时间长、组成模块多、故障原因复杂,因此,故障数据的收集需要较长的时间和较高的成本。尽管如此,如果能够得到系统的可靠性评估模型,通过可靠性分析对未来的使用情况进行预测,从而提供科学的维修策略,那么可靠性数据的收集就具有很高的价值。

(4)设备的使用寿命是连续的,且同一模块的故障数据在不同的使用阶段表现不同,故障率也可能随时间的变化而变化,因此要动态地看待设备可靠性的变化情况。

二、卷烟设备的可靠性指标计算

卷烟设备的可靠性指标主要用平均故障间隔时间 MTBF、平均故障维修时间 MTTR、平均连续运行时间、卷包机组百万支小停机时间和卷包机组百万支小停机频次等指标来进行测算和评估。卷烟设备的可靠性指标可以采用如下公式进行计算。

(1)平均故障间隔时间。

计算公式:设备排产累计时间/其间设备故障次数。

指标因子:设备排产累计时间,以分钟统计。

其间设备故障次数:以次数为单位。

设备小停机不计在内,小停机是指在设备运行过程中不需要维修人员参与恢复的短时间停机。

(2)平均故障维修时间。

计算公式:设备故障维修累计时间/设备维修次数。

指标因子:设备故障维修累计时间,即处理故障的累积时间,以分钟统计。

设备维修次数:以次数为单位。

设备小停机不计在内。

(3)平均连续运行时间。

计算公式:设备排产累计时间/其间设备停机次数。

指标因子:设备排产累计时间,以分钟统计。

其间设备停机次数:以次数为单位。

设备小停机计算在内。

(4)卷包机组百万支小停机时间。

计算公式:设备小停机累计时间/卷包设备产量。

指标因子:设备小停机累计时间,以分钟统计。

卷包设备产量:单位百万支。

(5)卷包机组百万支小停机频次。

计算公式:设备小停机次数/卷包设备产量。

指标因子:设备小停机次数,以次数为单位。

卷包设备产量:单位百万支。

第四节　设备综合效率评价

结合有效作业率和OEE(Overall Equipment Effectiveness)设备综合效率等指标对设备进行综合效率评价。OEE分析能准确清楚地反映设备的效率、具体生产环节的具体损失、可以改善的环节等。

一、设备综合效率的概念

OEE(Overall Equipment Effectiveness)即设备综合效率(也称为生产系统综合效率),其本质就是实际合格产量与负荷时间内的理论产量的比值。从时间角度讲,OEE计算的是合格品的净生产时间占总可用生产时间的比例,也就是说,不仅要考察设备在时间上的利用情况,也要考察性能开动率及合格品率的问题。这样更全面地体现了全员生产维护的管理思想。

OEE 是以产线为单位,是一定周期内的时间开动率、性能开动率、合格品率相乘得出的,即

$$OEE = 时间开动率 \times 性能开动率 \times 合格品率 \times 100\%$$

上式中时间开动率=工作时间/负荷时间×100%。其中,负荷时间=日历工作时间-计划停机时间,工作时间=负荷时间-非计划停机时间,性能开动率=实际产量×理论加工周期/工作时间。

OEE 统计涉及设备、生产、工艺、质量等多个部门,过程要素指标众多,计算难度大。时间开动率涉及检修、各类故障、生产停机、工艺停机等,性能开动率涉及工艺速度、组产顺序等,合格品率则涉及质量控制、质量改进、工艺规程改进等。OEE 涉及的业务部门和过程要素指标众多,计算过程复杂。通过分析 OEE 各成分的数值变化,找出制约设备效率发挥的因素,对该因素给予改善。

OEE 统计涉及的数据有如下 12 个。

(1)负荷时间:一天或一个月中除去计划停机时间以外的设备必须运行的时间。计划停机时间包括生产计划上的停机时间、设备维护的停机时间、管理上需要的早晚 5S 时间以及其他有计划的停机时间。

(2)基准生产周期:指设计生产周期。但是由于生产加工品种、品质条件的不同,设备所能达到的基准生产周期可能发生变化,因此有时候还可以用目前理想状态下的生产周期或者至今最高水平的生产周期等来计算性能运行效率。

(3)运行时间:负荷时间减去故障、调整、工具交换的时间以及其停机时间以后的时间,即设备实际运行时间。

(4)有效运行时间:运行时间减去短时停机、速度低下损耗的时间之后的以一定速度有效运行的时间。

(5)有价值运行时间:有效运行时间减去不良品以及不良品修理时间之后的时间,即实际生产出良品的运行时间。

(6)时间运行效率:有效运行时间与负荷时间的比值。

(7)速度运行效率:基准生产周期与实际生产周期的比值,是表示速度差的一个指标。即

$$速度运行效率 = 基准生产周期/实际生产周期 \times 100\%$$

(8)有效运行效率:表示生产持续性的一个指标。即

$$有效运行效率 = 生产总数 \times 实际生产周期/运行时间 \times 100\%$$

(9)性能运行效率:衡量速度差的指标,指设备的实际运行速度和设备的固有(速度)能力(设计能力)之间的比值。即

$$性能运行效率 = 基准生产周期 \times 加工数量/运行时间 \times 100\%$$

(10)良品率:良品和加工总数的比值。即

$$良品率 = (生产总不良品数)/加工总数 \times 100\%$$

(11)基准维修成本:企业根据固定资产价值提取的年设备维修费用,包括设备大、中、小修,一般企业的提取率为 5%,它由设备备件费、人工费、材料费等组成。

(12)实际维修成本:指设备在生产实际中发生的维修费用。

二、卷烟工厂的设备综合效率计算

OEE(设备综合效率)在一些制造型企业中已经得到了广泛的应用,但是其现行标准与烟草行业的生产特点存在一些不相适应的地方,且其标准算法的提出时间较早,不太适合进行结构性的数据分析。

福建中烟龙岩烟草工业有限责任公司对 OEE 的一般算法进行了系统的研究和改良,以使其更好地适应烟草企业推进精益管理的要求。具体改进点如下。

1. 改良计算公式,简化统计对比

改良前,OEE 公式的计算参数多,计算过程较为繁琐,需要分别计算好三个"率"。由于烟草行业自身的特点,个别参数无法直接测量。改良后,OEE 的计算变得更加简单、直接,变量仅仅需要确定合格品产量和设备的所有工作时间,准确性也更容易得到保证。改良前后,OEE 公式的对比如图 8.2 所示。

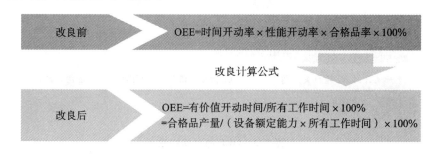

改良前　　OEE=时间开动率×性能开动率×合格品率×100%

改良计算公式

改良后　　OEE=有价值开动时间/所有工作时间×100%
=合格品产量/(设备额定能力×所有工作时间)×100%

图 8.2　OEE 公式改良前后的对比

2. 扩展时间基准,强化综合管理

改良公式所有工作时间是对传统 OEE 算法优化的关键点。

改良前,OEE 的一般构成原理不把计划停机时间纳入测评基准,这使得生产组织造成的效率损失容易被忽视。实际上,因生产组织带来的计划性停机占比很大,将其纳入测评、跟踪,对提高生产系统的整体效率很有价值。因此,改良后,OEE 把计划停机损失时间纳入了 OEE 测评,把 OEE 测评的设备负荷时间基准扩展为了所有工作时间。

确定所有工作时间的基本原则是,某时间段内某设备的开动生产或准备开动生产是否导致产生了人工、物料、能源成本。简单来说,就是工人因为某生产设备被安排了生产所产生的工时。例如,工厂正常 4 班生产,共计 24 h。如果生产计划临时调整,第 1 班次无生产任务,且第 1 班次的员工没有到岗工作;从第 2 班次起员工才开始到岗工作,则所有工作时间计为 18 h。如果第 1 班次员工到岗后,生产计划才调整,该班次无生产任务但员工仍在岗闲置,则所有工作时间计为 24 h。

3. 分解工作时间,包容管理细节

在 OEE 一般规范的损失类型中,增加了衔接损失时间和计划停机时间。同时,除了对测评的时间基准进行扩展外,还将损失时间切片细化,促进查找问题的精益、快速,使 OEE 进一步发挥快速定位短板的作用。OEE 的时间构成如图 8.3 所示。

改良 OEE 公式后将计划性停机损失时间纳入了测评范畴。计划性停机损失时间主要包括按常规要求或计划进行设备清洁保养、生产换牌、预防性维修等工作时间内设备没有开

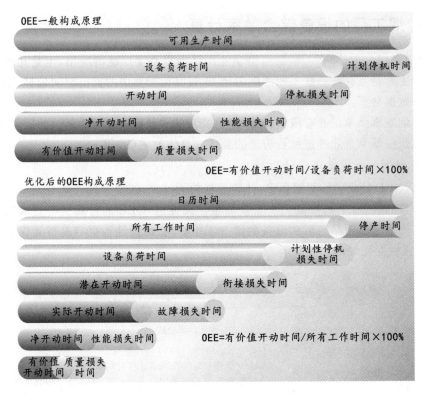

图 8.3 OEE 的时间构成

动的情况,力求完整地反映对综合效率产生影响的方方面面,尤其是生产组织的问题。

衔接损失时间用来归类各种非计划性的设备外部因素造成的生产中断或者延误。此类损失集中反映了生产企业各种生产要素资源组织协调的秩序问题。

细化两个车间各类型的计划停机时间的二级分类,并进行数据采集和统计。这进一步提高了生产效率管理的针对性,使企业通过趋势管理、对比分析,能更快地找到问题所在。

4. 改进成效

开展损失分析,快速定位短板。本节以过去比较容易被忽视的衔接损失时间为例。在2014 年的上半年,通过对衔接损失率的计算和趋势分析,发现卷包设备经常由于上下游工序出现的问题而被动停机,其中,封箱机停机的频率尤其高,从而导致包装机乃至卷接机停机。而引起封箱机停机的原因是其中的码垛机器人故障。为此,企业围绕"减少二区机器人的月故障次数"课题展开攻关。到 2015 年年初改进措施落实后,码垛机器人的月均故障次数由之前的 118.3 次降至12 次。

突出管理问题,推进系统提升。计划停机时间在设备的所有工作时间中占比最大,也是OEE 提升的系统性瓶颈。为此,企业构建了科学的自动排产系统,并改造了现有卷包排产系统,卷包车间月度计划性停机损失率由之前的 6%～15%下降到了 5%～6%。

OEE 的一般构成原理不把计划停机时间纳入测评基准,这使得生产组织造成的效率损失容易被忽视。把计划停机时间纳入 OEE 测评,把设备负荷时间基准扩展为所有工作时间,对效率损失时间进行有针对性的管理,促进各种生产要素资源组织的科学性、协调性,在提高企业管理精细化水平方面有显著价值。符合行业精益管理工作评价中鼓励对现有管理方法和工具进行改进和创新的要求,实践了事事讲精益,处处求改善的精益思想。

三、设备综合效率的评价

设备综合效率是反映设备综合经济技术指标好坏的指数,它能及时发现设备管理中出现的缺陷,以及为设备本体所采取的措施提供科学的判断依据。

(1)设备综合效率≥85%,性能优良,经济效益良好,评价等级优,平时应注重其性能的保全。

(2)70%≤设备综合效率<85%,性能良好,经济效益一般,评价等级优良,采用预知维修或中修的措施予以提高。

(3)50%≤设备综合效率<70%,性能不稳定,经济效益持平,评价等级中等。对于在大于1年的时间段内50%≤设备综合效率<70%的情况,采用大修或局部改造的措施予以改进。

(4)设备综合效率<50%,性能低下,经济效益亏损,评价等级差。对于在大于1年的时间段内设备综合效率一直小于50%的情况,应予以淘汰更新。

第五节　设备健康评价

设备健康评价是基于人体健康学理念,拟机为人,综合运用设备的各项参数和指标,利用科学方法和工具对设备状态做出的评价。评价结果往往以分数或分级等形式展现,它能够直接反映设备的过去、现在甚至未来的状况。

为了给设备智能维修、智慧管理提供量化分析的依据,设备健康评价数据是按照数据分析方向以及不同使用层次进行划分的,提出基于设备评价、工艺保障、生产能效3个维度和指标体系、指标、参数、数据元4个层次的划分。

设备健康评价数据具体的维度和层次划分如图8.4所示。

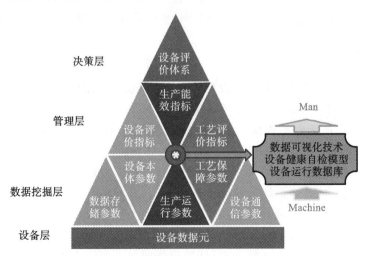

图8.4　设备健康评价的数据层次划分

(1)设备本体参数是指由各类传感器采集设备本体的、实时的、动态的数据,例如电机电流、变频器温度、阀门开度、风机振动等。

（2）工艺保障参数是指由各类传感器采集保障产品加工工艺指标实时的、动态的数据，例如含水率、流量、温度、重量、长度、压力等。

（3）生产运行参数是指各类传感器采集保障生产效率、能源消耗指标实时的、动态的数据，例如流量累积、重量累积、长度累积等。

（4）数据存储参数是指为保证各类参数在设备运行数据库按照同源、同时间、同结构进行存储约定的参数，例如数据长度、数据类型、数据存储时间等。

（5）设备通信参数是指为保证设备底层 PLC、工控机 Intouch、数据服务器各类通信协议的参数。

（6）设备评价指标是指通过设备本体参数经过统计、计算得出评价设备性能的指标。

（7）工艺评价指标是指通过工艺保障参数经过统计、计算得出评价工艺加工能力的指标。

（8）生产能效指标是指通过生产运行参数经过统计、计算得出评价生产效率、能源消耗的指标。

设备健康状态评价是通过建立数学模型，以当前设备关键参数为输入来分析当前设备的健康状态水平的。根据评价设备健康状态的关键参数，定义关键参数的中心点和健康值区间，并依据各参数的重要程度来定义参数权重。分析模型以关键参数的当前值、中心点、健康区间和权重作为模型输入，输出各参数自检评价列表和设备总体评价结果。设备健康状态自检应根据设备所处阶段的不同分别实施，如开机阶段自检、预热阶段自检、生产阶段自检等。

科学的设备健康评价能够准确及时地掌握设备健康状况，指导企业合理组织生产，科学实施维保策略。传统的设备健康评价受人主观因素影响大，不能实现预期的效果。采用客观熵权法，综合运用设备生产数据、运行数据、维修数据、备件数据、工艺产品质量数据等能够客观反映设备的健康状况。

许多卷烟工厂对制丝工艺、卷包工艺的设备健康评价体系进行了探索和实践，实现了评价模型表、评价执行和评价结果的综合应用。各工厂的评价指标维度设计和评价方法类似，但是由于管理需求的不同，各工厂的设备健康评价体系在具体用途和计算方法上有所不同。

扩展阅读

基于设备运行数据的叶片加料机的健康评价

济南卷烟厂根据叶片加料机数据的性质和用途将数据大体分为三类：设备本体类数据、工艺保障类数据、生产能效类数据。加料机健康评价选用包含设备部件状态、设备通信状态、阀门器件状态、电机电流、电机频率等的设备本体参数，包含生产过程中各类工艺指标的设定值和当前值的工艺保障参数以及包含水电气汽流量、累计量的设备能效参数作为自检的依据。设备健康状态评价采用加权综合评价方法，对反映设备状态的各类数据采用层次分析法，确定对各层次、各类别数据的权重；对同类别参数，采用熵权法确定其权重；最终确定参与健康评价的所有参数的权重。设定各参数的最优值、允许区间，通过各参数的当前值与最优值的比较和计算偏差程度等方式，计算出当前各参数的当前状态值。最终通过对各参数状态计算值与相应系数的乘积的综合求和计算出评价结果。

该案例的模型搭建步骤如下。

(1)按照模型整体设计的规划要求,设备健康自检可分不同阶段分别进行。自检模型支持分阶段自检,按照叶片加料机不同的工作状态分为 4 个阶段,分别为开机阶段、预热阶段、生产阶段和总体评价阶段。

开机阶段为 8K 叶片加料机开机运行前的阶段。设备操作人员在此阶段运行开机自检。其判断参数为 Spice_Status_8K,当该参数为 0 时表示设备没有运行。

预热阶段为设备开机至各项参数符合生产要求的阶段。设备操作人员在此阶段运行设备预热自检。其判断参数为 Spice_Status_8K=2,加料前秤流量 WBFlux_Spice_8K=0,蒸汽流量 SteamFlux_8Kspice>0,加料流量 SpiceFlux_8K>0。

生产阶段为设备正常生产运行的阶段。设备操作人员在此阶段运行设备生产自检。其判断参数为 Spice_Status_8K=4,秤累计量>50。

总体评价阶段为对设备在整批生产过程中的状态进行综合性评价的阶段。评价时间点为生产结束叶片加料机前秤流量为 0 时,此时生产未结束。其评价设备在前 3 个阶段过程中的整体状态。

(2)针对模型所需要数据分级分类的结果,对前两个层级的各类数据采用层次分析法来确定各类别参数的权重。

首先按照类别对参数进行组织,按照层级对每类别内的参数进行组织。对每个参数,可按照所属类别和所属层次采用层次分析法(AHP)确定其参数权重。

(3)采用熵权法确定最底层(参数层)各类数据的参数权重。

根据设备运行的历史数据,采用随机抽取一个季度的多批生产数据作为熵权法的权重定义的依据数据。依照熵权法整理规范生产的历史数据,通过权重程序最终确定最低层(参数层)的各数据项的权重。

选取设备的 5 个主要参数:HT 蒸汽流量、烘丝机蒸汽流量、烘丝机出口温度、烘丝机热风温度、烘丝机筒壁温度。对这 5 个参数的 6000 个原始数据进行规范化和归一化,可以计算出这 5 项参数的权重如表 8.1 所示。

表 8.1 各指标权重结果

参数名称	HT 蒸汽流量	烘丝机蒸汽流量	烘丝机出口温度	烘丝机热风温度	烘丝机筒壁温度
权重/(%)	17.24	23.61	15.78	13.70	29.67

(4)结合层次分析法和熵权法所确定的各类别数据的权重,最终确定各参数的整体权重。结果如表 8.2 所示。

表 8.2 各阶段参数权重表

阶 段	第 一 层	第 二 层	本级权重/(%)	整体权重/(%)
开机阶段	设备本体参数 71.32%	工艺状态	31.09	22.17
		通信状态	32.72	23.33
		阀门状态	21.67	15.46
		加料系统	14.53	10.36
	工艺保障参数 28.68%	加料机压空压力	27.03	7.75
		加料机雾化蒸气压力	72.97	20.93

续表

阶段	第一层	第二层	本级权重/(%)	整体权重/(%)
预热阶段	设备本体参数 63.33%	工艺状态	47.64	30.17
		通信状态	17.88	11.33
		阀门状态	14.60	9.25
		加料系统	19.87	12.59
	工艺保障参数 36.67%	加料流量	16.08	5.90
		加料机加料精度	14.96	5.49
		加料累计量	10.66	3.91
		热风温度实际值	8.08	2.96
		蒸汽流量	8.71	3.19
		蒸汽累计量	5.90	2.16
		蒸汽温度	6.19	2.27
		加汽阀门设定值	6.20	2.27
		加汽阀门实际值	7.50	2.75
		热风温度控制阀开度设定	7.30	2.68
		加料机压空压力	2.86	1.05
		加料机雾化蒸汽压力	5.54	2.03
生产阶段	设备本体参数 31.87%	工艺状态	14.92	4.76
		通信状态	31.24	9.96
		阀门状态	19.43	6.19
		加料系统	34.40	10.97
	工艺保证参数 48.53%	下级参数用熵权法		
	生产能效参数 19.60%	产量	19.62	3.84
		蒸汽累计量	26.35	5.16
		生产时间	14.30	2.80
		加料累计量	39.73	7.79

(5)对各参数的中心值和上下限进行确定。依据工艺标准设定工艺评价参数的中心值;对于其他数值型值,采用设备健康状态下统计均值对其进行设定;采用正确状态值确定布尔量。依据工艺标准设定工艺评价参数的上下限,采用95%的置信区间设定其他数值型值,布尔量阈值为0。

根据所处阶段对采用统计方式获得的数据进行分别处理,统计批次应超过5批,批次之间应较为分散,应涵盖该生产线多个产品牌号。

(6)在自检数据组织工作和各类参数确定工作的基础上,最终形成加料机设备健康状态自检的各阶段模型。本着模型易扩展、易操作的原则,采用按类别编码参数的方式,对各类别数据进行统一分析。使用是否参与自检约束的方式,这样方便对参数进行收缩和调整。同时,模型还包括参数的类型限定、参数中心值的望大、望小、望目等约束,充分体现了模型的灵活性和易操作性。分别形成叶片加料机设备健康自检开机阶段、预热阶段和生产阶段的自检模型,而各阶段采用如下的数学模型结构。

$$
\begin{cases}
F(X) = 100 \times \boldsymbol{A} \boldsymbol{Y} \prod_{k=1}^{t} \mathrm{sig}(x_k); \\[2mm]
\boldsymbol{Y} = (y_1, y_2, y_3, \cdots, y_n)^{\mathrm{T}}; \\[2mm]
\boldsymbol{A} = (w_1, w_2, w_3, \cdots, w_n); \\[2mm]
\quad y_i = \mathrm{e}^{-\lambda_i \,|\, x_i - z_i\,|}; \\[2mm]
\mathrm{sig}(x_i) = \begin{cases} 0 & \text{达不到正常范围要求}; \\ 1 & \text{在正常要求范围内}; \end{cases} \\[4mm]
\quad x_k \text{ 为一票否决因子}; \\[1mm]
\quad \lambda_i \text{ 敏感度参数指标}; \\[1mm]
\quad w_i \text{ 为权重}; \\[1mm]
\quad z_i \text{ 为健康评价指标}
\end{cases}
$$

在该数学模型中,$F(X)$为总体评价的结果值,范围$0\sim100$;$Y = [y_1, y_2, y_3 \cdots, y_n]$,由输入参数通过对中心值阈值范围计算得到;$w_i$为对应输入参数$i$的权重;sig()为布尔函数,在范围内输出1,越界输出0;A为权重所组成的向量,便于采用矩阵形式计算。

(7)用户通过对显示端操作界面的操作发送自检指令。计算服务端获取实时采集的设备运行数据,通过设备数据判断当前所处的生产阶段,进而选择与生产阶段相对应的设备健康状态自检模型;通过自检模型对现场获取的实时数据集进行计算;通过遍历实时数据集,结合模型给出的各参数类型、指导中心值、参数范围、参数权重等,对当前设备健康状态进行自检。正在自检的自检用户交互界面如图8.5所示。自检完成后,计算服务端将自检结果反馈给显示端。自检结果包括自检阶段、设备健康得分值、参与自检的参数数目,各参与自检参数的当前值、中心值、上下限,自检权重、计算后权重,是否关键因子等。

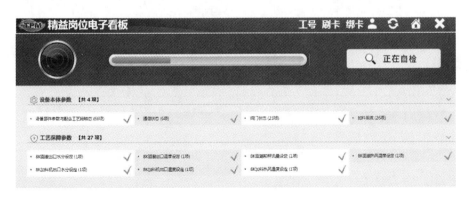

图8.5　自检用户交互界面

该方法综合考虑了评价设备健康的各方面的因素,是对设备健康的全面反映。通过层次分析法和熵权法的应用,对设备参数划定了不同的重要程度,对重点参数做到了重点关注。参数最优值和允许区间的引入对设备评价有良好的指导作用。

　　维修保障能力评价、操作保障能力评价亦可采用上述所提的加权综合评价、对比评价、分类评价等方法。维修质量评价可选用维修用时、维修备件费用、维修人员参与数量、维修后关键参数状态与初始状态的对比、使用者的反馈、维后健康工作的时长等参数作为评价参数。操作质量评价可选用操作影响的产品合格率、关键指标 CPK、产品批间的稳定性,生产节奏的准时化程度、生产时长、各工序的配合水平、能源消耗、生产过程中的设备异常和故障发生频次等参数或指标进行评价。

第九章 数据驱动机制建设

第一节 设备数据概论

设备数据是指在围绕关注品牌培育、保证工艺质量、降低维持成本和提高运行效能的活动中生产设备产生的用于设备管理的数据。

(1)从数据技术方面讲,数据可以按照采集状态和时序状态进行分类。

①按数据采集状态分类:离线数据、在线数据。

②按数据时序状态分类:实时数据、历史数据。

(2)从设备管理方面讲,数据可以按照数据性质和数据用途分类。

①按数据性质分类:基础数据、运行数据、业务数据。

②按数据用途分类:基础数据、生产数据、运行数据、消耗数据、工艺质量数据、能源数据、维修数据、备件数据、成本数据。

设备数据是建立数据驱动机制、实现精益管理的基础。通过设备数据管理与应用的研究实施,企业应完成从经验管理到科学管理的转变,特别是数据思维方式的转变,为企业的数字化转型升级提供新的动力。

数据驱动机制的总体思路是通过实施设备数据的全寿命周期管理,依托智能感知、智能诊断、智能控制、工业互联网等新应用,聚焦感知、诊断、控制等核心关键环节,研究智能制造所需的关键技术,培育基于数据思维的设备管理新模式,实现设备管理智能决策、企业智能制造的发展目标。

第二节 设备数据开发与应用过程

"设备数据管理与应用"课题研究提出了设备数据开发与应用的规范化过程。在标准的数据管理规范下,以问题为切入点,以应用为落脚点,充分利用智能感知、智能诊断、智能控制等工业互联网的新应用。按照业务理解、数据理解、数据准备、建模、评估、部署这6个步骤建立设备数据与设备管理的桥梁和纽带,让虚拟照亮现实,实现设备管理业务的数据化驱动。数据开发与应用的框架如图9.1所示。

设备数据的应用是全面而广泛的。除传统意义上具有明确目标需求和方法的应用软件的设计外,设备数据的应用更应倾向基于数据的知识发现与挖掘及数据挖掘的可视化设计。

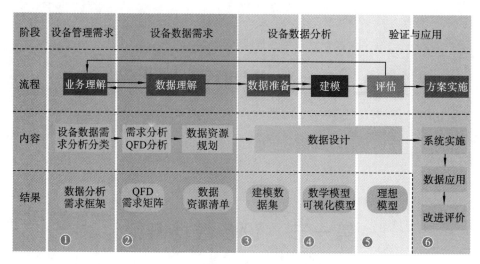

图 9.1　数据开发与应用的框架

数据应用采用跨行业数据挖掘标准流程,通过业务理解、数据理解、数据准备、建模、评估、部署等 6 个步骤,并融合传统软件设计流程,指导数据应用工作的开展。设备数据开发与应用的过程如下。

一、业务理解

在数据挖掘最开始阶段必须从业务的角度去了解项目的需求和最终目标,并将这些需求和目标转化为数据挖掘里的定义和目标。

企业结合自身现状和实际需求开展业务理解阶段的工作。首先,确定数据应用阶段业务的应用和任务,以任务为原点,采用思维导图等方法工具,进行发散性思维;从不同角度、不同层次对任务进行分级分类,对确定研究内容进行逐层分析,细化扩展,形成分析需求框架,最终确定研究任务。其次,以研究任务为出发点,从数据挖掘和数据可视化两方面进行发散探索;确定研究的落脚点,探寻数据挖掘的研究模型,最终确定数据应用的研究目标。

按照业务理解过程的要求,进行科学规划,规范实施,确定研究内容,逐层分析,细化扩展;同时参照《中国烟草总公司卷烟工业企业设备管理绩效评价体系》[16]和《卷烟工业企业设备管理信息系统》[17]的管理要求,可将设备管理需求分析分为一级 7 类,二级 20 类;在此基础上,按照自身设备管理需求进行分解,逐层细化,形成设备管理需求分析的框架。设备管理需求分析的框架如图 9.2 所示。

二、数据理解

数据理解阶段是从初始的数据收集开始,通过一系列的处理活动,熟悉数据、识别数据的质量问题、发现数据的内部属性和关联、探测引起兴趣的部分数据,进而确认研究假设。

依照设备需求分析框架,采用 QFD 分析矩阵等方法工具,将业务需求转换为所需数据,通过工具逐层对所需数据进行辨识。首先,建立用户岗位和设备指标的 QFD 矩阵,找到其重点关注指标、分析方法、应用途径以及指标间的组合分析关系。用户岗位和设备指标的

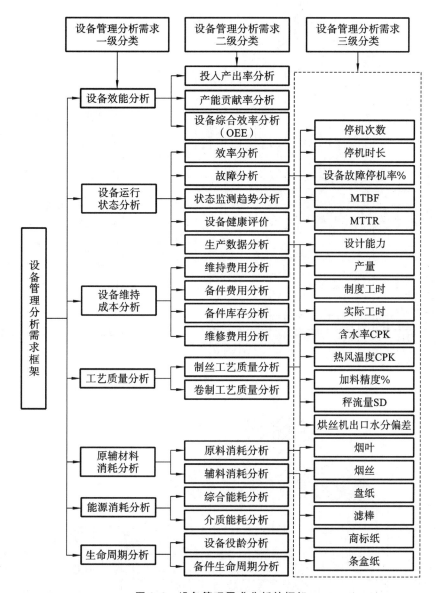

图 9.2　设备管理需求分析的框架

QFD 矩阵如图 9.3(a)所示。其次,建立重点关注指标和设备数据元的 QFD 矩阵,找到其重点关注参数、重要程度、实施难度以及参数间的相关关系。重点关注指标和设备数据元的 QFD 矩阵如图 9.3(b)所示。

　　通过对数据进行分级分类、规范和整理,形成数据资源规划设计图和数据资源清单。根据数据资源清单中的数据采集状态、存储位置等信息对数据进行补充采集。叶片加料段的数据资源规划设计图如图 9.4 所示。

　　结合数据资源规划设计图及数据资源清单,将数据进行汇总筛选形成设备数据清单,达到分析数据质量、明确数据用途、辨识数据关系、探寻数据之间关联性的目的。

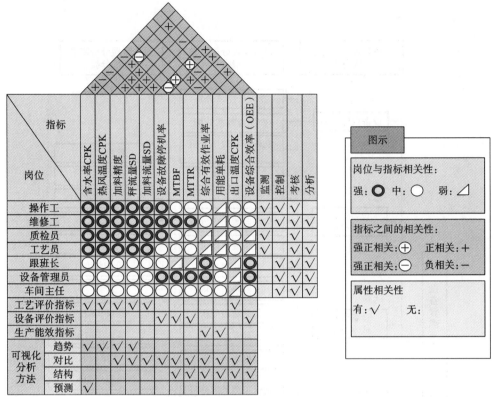

(a)用户岗位和设备指标的 QFD 矩阵

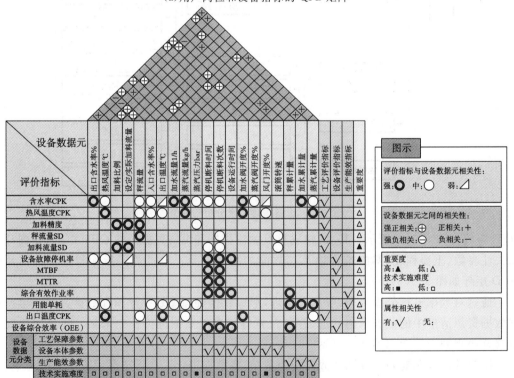

(b)重点关注指标和设备数据元的 QFD 矩阵

图 9.3 QFD 分析矩阵

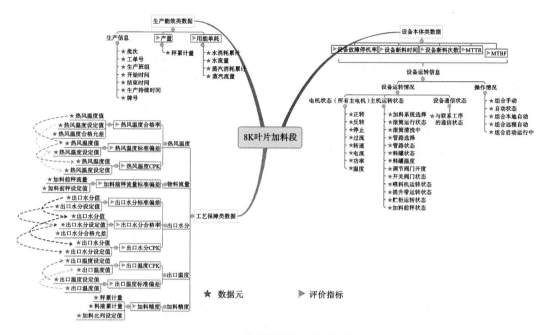

图 9.4　数据资源规划设计图

三、数据准备

数据准备阶段包括从未处理数据到构造出最终数据集的所有活动。这些数据是模型工具的输入值。任务包括表、记录和属性的选择,以及为模型工具转换和清洗数据等。

企业以数据理解阶段规划、采集、汇总的数据集为基础,针对数据挖掘和数据可视化研究模型进行数据预处理。通过数据选取、数据清理、数据变换、数据归约等处理方式,将原始数据转换为适合数据挖掘和数据可视化模型的数据形式。针对各具体业务应用的不同,以及采用的数据模型和方法的不同,数据准备阶段采用的数据处理方法也不尽相同。数据预处理一般分为 5 个步骤:数据选取、数据清理、数据集成、数据变换、数据归约。

1. 数据选取

数据选取是指从数据库中选出用户感兴趣的、与业务相关的数据。数据选取应依据数据应用的需求,参照数据资源清单进行。

2. 数据清理

数据清理是指通过填写缺失值、光滑噪声数据、识别或删除离群点并解决不一致性来清理数据的过程。数据清理主要是为了达到如下目标:格式的标准化、异常数据的清除、错误的纠正、重复数据的清除。数据清理的数据资源清单如图 9.5 所示。

参数名称	系统内参数名称	数据类型	数据长度	参数类别	数据用途	数据可用研究方向
批次	Batch	String	16	字节	生产信息数据	生产信息	生产数据分析
牌号	Brand	String	16	字节	生产信息数据	生产信息	生产数据分析
工单	MatID	String	16	字节	生产信息数据	生产信息	生产数据分析
批开始时间	Btime	DateTime	20	字节	生产信息数据	生产信息	生产数据分析
批结束时间	Etime	DateTime	20	字节	生产信息数据	生产信息	生产数据分析
批生产时间	Production Time	Time	4	字节	生产信息数据	生产信息	生产数据分析
批生产班次	GroupNO	String	2	字节	生产信息数据	生产信息	生产数据分析
秤流量设定值	WBFlux_SP	Real	4	字节	工艺数据	称流量SD	制丝工艺质量分析、设备健康分析
每个切片数目设定	NumOfSlices_SP	Real	4	字节	工艺数据	称流量SD	制丝工艺质量分析、设备健康分析
切片宽度设定值	SliceWidth_SP	Real	4	字节	工艺数据	称流量SD	制丝工艺质量分析、设备健康分析
蒸汽流量设定值	SteamFlux_SP	Real	4	字节	工艺数据	热风温度CPK、出口温度CPK	制丝工艺质量分析、设备健康分析
热风温度设定值	Process_air_temp_SP	Real	4	字节	工艺数据	热风温度CPK、出口温度CPK	制丝工艺质量分析、设备健康分析
新风温度设定值	Fresh_air_temperature_S	Real	4	字节	工艺数据	热风温度CPK、出口温度CPK	制丝工艺质量分析、设备健康分析
加水流量设定值前加水	WaterFlox_SP_Forword	Real	4	字节	工艺数据	含水率CPK	制丝工艺质量分析、设备健康分析
回潮机料缸加水设定流量后加水	TankWaterFlux_SP	Real	4	字节	工艺数据	含水率CPK	制丝工艺质量分析、设备健康分析
回潮机卸料料箱处压力设定值	Discharge Pressure_SP	Real	4	字节	工艺数据	称流量SD	制丝工艺质量分析、设备健康分析
每个切片数目实际值	NumOfSlices	Real	4	字节	工艺数据	称流量SD	生产数据分析
烟包数值	PacketNum	Real	4	字节	工艺数据	产量	生产数据分析
秤流量实际值	WBFlux 8KWet	Real	4	字节	工艺数据	产量	制丝工艺质量分析、设备健康分析
秤累计量	WBTotal 8KWet	Real	4	字节	工艺数据	含水率CPK、用能单耗	制丝工艺质量分析、设备健康分析
加水流量实际值前加水	WaterFlow 8KWetForw	Real	4	字节	工艺数据	含水率CPK、用能单耗	制丝工艺质量分析、设备健康分析、介质能耗分析
回潮机加水累计量前加水	WaterTotal_8KWetForw	Real	4	字节	工艺数据	含水率CPK、用能单耗	制丝工艺质量分析、设备健康分析、介质能耗分析
回潮机料缸加水实际流量后加水	TankWaterFlux Back	Real	4	字节	工艺数据	含水率CPK、用能单耗	制丝工艺质量分析、设备健康分析、介质能耗分析
回潮机料缸加水累计量	TankWaterTotal 8KWet	Real	4	字节	工艺数据	热风温度CPK、出口温度CPK	制丝工艺质量分析、设备健康分析
回潮机热风温度	HotWindTemp_8KWet	Real	4	字节	工艺数据	热风温度CPK、出口温度CPK	制丝工艺质量分析、设备健康分析
回潮机雾化蒸汽压力	FogSteamPressure 8KWet	Real	4	字节	工艺数据	热风温度CPK、出口温度CPK	制丝工艺质量分析、设备健康分析
回潮机蒸汽流量	SteamFlux 8KWet	Real	4	字节	工艺数据	热风温度CPK、出口温度CPK	制丝工艺质量分析、设备健康分析
回潮机蒸汽累计量	SteamTotal 8KWet	Real	4	字节	工艺数据	热风温度CPK、出口温度CPK、用能单耗	制丝工艺质量分析、设备健康分析、介质能耗分析
回潮机蒸汽温度	SteamTemp 8KWet	Real	4	字节	工艺数据	热风温度CPK、出口温度CPK	制丝工艺质量分析、设备健康分析
回潮机蒸汽压力	SteamPressure 8KWet	Real	4	字节	工艺数据	热风温度CPK、出口温度CPK	制丝工艺质量分析、设备健康分析
卸料箱处压力	Out AirPress	Real	4	字节	工艺数据	热风温度CPK、出口温度CPK	制丝工艺质量分析、设备健康分析
新风温度实际值	Fresh_air_temperature_P	Real	4	字节	工艺数据	热风温度CPK、出口温度CPK	制丝工艺质量分析、设备健康分析
出口水分实际值	MoisOut 8KWet	Real	4	字节	工艺数据	出口温度CPK	制丝工艺质量分析、设备健康分析
出口温度实际值	TempOut_8KWet	Real	4	字节	工艺数据	出口温度CPK	制丝工艺质量分析、设备健康分析
组合手动	Manual	BOOL	1	位	设备数据	设备故障停机率、MTTR、MTBF	设备健康分析、故障分析、状态监测趋势分析
自动状态	Auto	BOOL	1	位	设备数据	设备故障停机率、MTTR、MTBF	设备健康分析、故障分析、状态监测趋势分析
组合本地自动	Local Auto	BOOL	1	位	设备数据	设备故障停机率、MTTR、MTBF	设备健康分析、故障分析、状态监测趋势分析
组合远程自动	Remote Auto	BOOL	1	位	设备数据	设备故障停机率、MTTR、MTBF	设备健康分析、故障分析、状态监测趋势分析
组合启动运行中	GroupRunning	BOOL	1	位	设备数据	设备故障停机率、MTTR、MTBF	设备健康分析、故障分析、状态监测趋势分析
拆箱机运行中	FBIRunning	BOOL	1	位	设备数据	设备故障停机率、MTTR、MTBF	设备健康分析、故障分析、状态监测趋势分析
滚筒预热中	Cylinder_Preheating	BOOL	1	位	设备数据	设备故障停机率、MTTR、MTBF	设备健康分析、故障分析、状态监测趋势分析

图9.5 数据资源清单

3. 数据集成

数据集成是将多个数据源中的数据按照规定的格式、顺序结合起来,并存放到一个一致的数据存储(如数据仓库)中。数据集成主要考虑模式的集成、冗余数据的处理、检测并解决数据值的冲突等3方面。

4. 数据变换

数据变换是通过平滑聚集、数据概化和规范化等方式将数据转换成适用于数据挖掘的形式,主要方法包括平滑处理、合计处理、数据泛化处理、规格化等。

5. 数据归约

数据归约是指在对挖掘任务和数据本身内容理解的基础上,在尽量保证原数据完整性的前提下,通过删除冗余特性等方法压缩数据,减少数据挖掘所需要的时间和所占的内存资源,提高挖掘模式的质量,主要方法包括特征归约、样本归约、特征值归约等。

按照选择的研究内容和确定目标,选择匹配的数据模型和可视化展现形式,针对具体应用分别开展数据的预处理工作,形成智能评价模型、神经网络预测模型、聚类分析模型、PCA主元分析模型等数据挖掘方法以及其曲线图、柱状图、仪表盘图、散点图、热度图等数据可视化展现方法的数据形式。数据预处理结果如图9.6所示。

班次	班组	过径	过重	硬点	黑气	空头	缺噪栓	SE手动停机	SE手动停机累计时长	MAX出烟堵塞	MAX出烟堵塞累计时长	产量千支	剔除量	短期标准偏差	重量偏差
1	0	0.005618	0.0301205	0	0.025641	0.1022901		0	0	0	0	0.9230769	0.1456908	0.7063358	0.0468096
1	0	0	0.1024096	0	0.0448718	0.1664122	0.0066667	0	0	0	0	0.9230769	0.1183311	0.7594584	0.0542209
1	0	0.005618	0.1987952	0	0.0128205	0.2427481	0	0	0	0	0	0.972028	0.1751026	0.7815496	0.0550474
1	0	0	0.1566265	0	0.0096154	0.2977099	0	0	0	0	0	0.965035	0.1942544	0.8106375	0.0484902
1	0	0	0.4036145	0	0.0032051	0.4839695	0	0	0	0	0	0.9370629	0.2954856	0.9093461	0.0572137
1	0	0	0.5060241	0.0044444	0.0673077	0.5770992	0.01	0	0	0	0	0.8881119	0.3563611	0.9256284	0.042034
1	0	0	0.1746988	0	0.0192308	0.1389313	0	0	0	0	0	0.951049	0.1324803	0.7912672	0.0497851
1	0	0	0.0843373	0	0.0224359	0.1541985	0.02	0	0	0	0	0.979021	0.1367989	0.7791526	0.044431
1	0	0	0.3012048	0	0.0128205	0.3938931	0	0	0	0	0	0.958042	0.1764706	0.8084348	0.034035
1	0	0	0.3493976	0	0.0192308	0.3954198	0	0	0	0	0	0.9090909	0.247606	0.8970588	0.034035
1	0	0	0.0903614	0	0.0160256	0.3587786	0	0	0	0	0	0.951049	0.2311902	0.6888779	0.0501708
1	0	0	0.4096386	0	0.025641	0.5129771	0	0	0	0	0	0.958042	0.2099863	0.8501555	0.0451106
1	0	0	0.2650602	0	0	0.3541985	0	0	0	0	0	0.965035	0.25171	0.9074242	0.0422912
1	0	0	0.3192771	0	0.0128205	0.4091603	0	0	0	0	0	0.965035	0.253762	0.8850091	0.0531372
1	0	0	0.2650602	0	0.0032051	0.4091603	0	0	0	0	0	0.9440559	0.2735978	0.8867582	0.0522647
1	0	0	0.2590361	0	0.0096154	0.2564886	0	0	0	0	0	0.8951049	0.2366621	0.8406971	0.0523382
1	0	0	0.0963855	0	0.0032051	0.1206107	0.0066667	0	0	0	0	0.9300699	0.126539	0.7981342	0.0451749
1	0	0	0.0120482	0	0.0032051	0.0412214	0	0	0	0	0	0.4055944	0.1463748	0.7323789	0.1998843
1	0	0	0.1445783	0	0.0032051	0.1557252	0	0	0	0	0	0.9440559	0.1525308	0.7737108	0.0383881
1	0	0	0.0843373	0	0.0032051	0.1526718	0	0	0	0	0	0.8951049	0.127907	0.7468832	0.0361829
1	0	0	0.0180723	0	0	0.0961832	0	0	0	0	0	0.951049	0.11015	0.7172195	0.0496749
1	0	0	0.0481928	0	0	0.0885496	0	0	0	0	0	0.958042	0.1053352	0.7224022	0.0473514
1	0	0	0.0783133	0	0.0096154	0.0961832	0.0033333	0	0	0	0	0.951049	0.1463748	0.7388572	0.0418008
1	0	0	0.0180723	0	0.0032051	0.0870229	0	0	0	0	0	0.8811189	0.1463748	0.6945452	0.0433197

图 9.6　数据预处理结果

四、建模

在建模这个阶段,选择和使用不同的模型技术,并将模型参数调整到最佳的数值。有些技术可以解决同一类的数据挖掘问题,有些技术在数据形成上有特殊要求,因此建模时需要经常跳回到数据准备阶段。

根据确定的研究目标和初步研究方法,利用数据准备阶段的成果开展建模工作。数据挖掘通过模型构建,参数调优,模型验证,模型仿真,模型比较等步骤,确定各模型的最优参数设定,比较各模型的性能,最终选择理想的数学模型。数据可视化实施通过可视化展现设计、可视化展现实施、可视化离线评价、可视化改进等步骤形成数据可视化模型设计。

五、评估

评估阶段已经从数据分析的角度建立了一个高质量的模型。在开始最后的部署模型之前,应对模型进行彻底的评估,检查模型的构造步骤,确保模型可以完成业务目标。

在最终部署数据挖掘模型和可视化模型应用之前应全面评价模型的性能和效果,并分析模型风险。通过研究数据挖掘模型的构造过程,解释模型挖掘的知识,并分析发现知识的合理性。通过模型稳定性、模型准确率、模型拟合能力等指标,分析模型的性能。以模型准确率为基础,开展模型风险分析,评价模型失效所带来风险期望。最终结合研究确定的目标,评估是否达到性能目标和风险目标。通过分析可视化模型的创建过程,分析模型架构及其相互依赖关系等,以及数据可视化模型的压力测试、容错测试、仿真测试等,评估可视化模型是否达到所设定目标。

六、部署

模型的作用是使用户从数据中找到知识,获得的知识需要便于用户重新组织和展现。根据需求,这个阶段可以产生简单的报告,或实现一个比较复杂的、可重复的数据挖掘过程。

本阶段主要是对评估确定后的数据挖掘模型和数据可视化模型进行上线部署。各企业结合自身的建设实际和研究内容的具体业务的应用,选择部署区域、模型承载平台,通过应用平台的部署、数据的链接、应用的测试、上线发布等步骤,实现数据挖掘模型和数据可视化模型的应用部署。设备健康状态自检模型的部署图如图9.7所示。

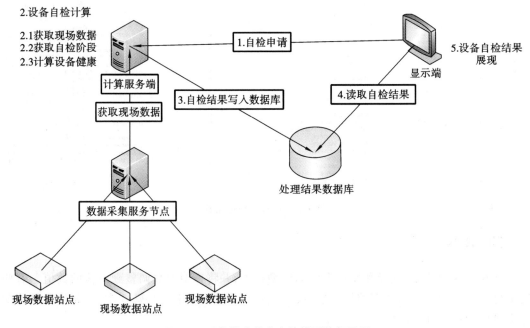

图 9.7　设备健康状态自检模型的部署图

第三节　数据可视化开发

可视化技术是随着信息技术的发展迅速成长起来的现代智能分析工具,可视化工具的交互手段丰富,分析功能强大。可视化技术通过数据互动(Interactive)、过滤(Filter)、钻取(Drill)、刷取(Brush)、关联(Associate)、变换(Transform)等技术,迅速发现问题,找到答案,并采取行动。

可视化技术在利用计算机自动化分析能力的同时,充分挖掘了人对可视化信息的认知优势,将人和机的强项进行有机融合,借助人机交互式的分析方法和交互技术,辅助用户更为直观和高效地洞悉数据背后的信息、知识与智慧。可视化按处理阶段的不同可以分为3种:一是源数据可视化,源数据可视化主要用于表现源数据的分布情况和特性;二是数据挖掘过程可视化,数据挖掘过程可视化可以使用户更形象地了解挖掘的流程;三是数据挖掘结果可视化,即将挖掘出的结果用可视化的形式表现出来,数据挖掘结果可视化有助于用户更形象地理解结果的含义。

一、数据可视化的原则

数据可视化呈现出来的是数据以及对数据分析的结果。在不考虑形式和表现方式的情况下,保证数据的精确性和可用性是数据可视化的基础和前提。同时,好的数据可视化结果可以让人很快地理解数据的结论,把握问题的症结,从而及时准确地做出相应的决策。把握以下几条数据可视化过程的基本原则,是成功实施数据可视化的重要前提。

1. 问题导向

数据可视化的目的是一目了然地发现问题,所以可视化设计要直观突出问题的所在,包括设备状态的异常、质量工艺参数的异常、操作作业的异常、管理的缺陷等。从人、机、料、法、环角度展现问题和原因,这些问题是进行数据分析的过程以及数据可视化设计的出发点。

2. 注重对比

通过比较,可以发现问题自身相对的变化和区别,不仅仅是量的孤立呈现。同比、环比、纵比、横比是数据比较中比较常见的方法。例如,同机型各机台每月的故障停机次数的对比可以展现各机台设备的健康状态,同一机台各个班次的异常和剔除次数的对比可以展现人员操作水平和作业标准的执行差异。

3. 选择合理的数据指标

数据可视化的最终用户可以根据现有的数据指标进行思考,所以数据指标的设置需要考虑时效性、趋势性、代表性,注重参数趋势的组合比对。

4. 总体到局部,整体到部位

数据可视化的制作过程要有一个逻辑思路,先从总体看变化,再选取局部看具体位置和参数的异常变化,保证问题的解决办法具有针对性。

5. 图形的直观性和简洁性

数据表格或者数据图形呈现的方式需要直观、简洁,避免过多的信息干扰。采用对比鲜明的颜色、图形以及直观体现问题所在的图形输出,并鼓励采用更为丰富多彩的图形类型和简洁展现。

6. 人机交互性、引导性

数据图形需要适应人机交互的要求。在触摸屏的操作方式下,设计分析图形之间的关联、数据的层层钻取,细化到具体部位和具体问题的所在,体现相关数据的关联性,引导数据分析的过程。

二、数据可视化的流程

1.数据选择

可视化的基础是数据,落脚点是岗位需求。进行可视化设计时需要针对岗位的需求选择所要进行展示和分析的数据。

卷烟工厂中的可视化设计考虑到不同岗位对数据的关注点和关注程度的不同,结合数据分析需求框架、QFD分析矩阵和数据资源清单针对不同岗位选择不同的数据进行展示。

2.方法选择

在确定岗位和需求数据以后,选择合理的可视化工具方法,通过层层挖掘、逐步深入,能够直观地展示数据、发现问题并提供决策依据。

3.可视化架构

按照从整体到部位、从表象到内在的方式将岗位、数据、方法通过框架图的形式进行具体化、流程化,明确可视化思路,指导可视化界面的设计实现。故障数据的可视化架构如图9.8所示。

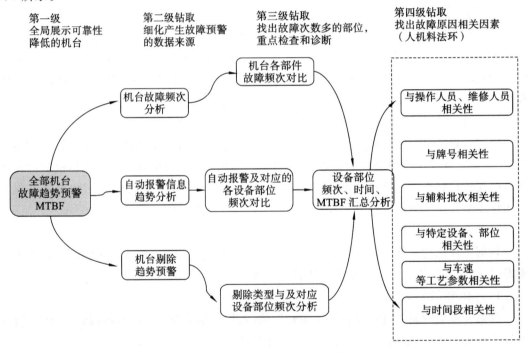

图9.8 故障数据的可视化架构

4.界面设计与实现

以可视化架构为基础,以需求为主导,逐级深入,分层次完成可视化界面的设计。通过编程和终端嵌入,实现可视化看板的开发和运行。

三、数据可视化的展现模型

1.柱状图

柱状图是一种以长方形的长度为变量的统计报告图,用来比较2个或2个以上的数值

（不同时间或者不同条件）。柱状图只有一个变量，可横向排列，也可用多维方式表达。柱状图样例如图9.9所示。

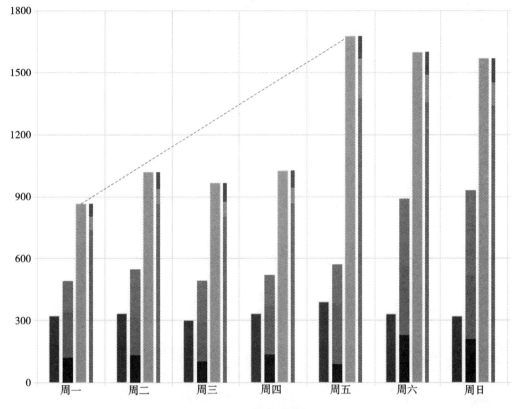

图 9.9　柱状图样例

优势：柱状图利用柱的高度（或长度）来反映数据的差异。肉眼对高度差异很敏感，因此，柱状图的辨识效果非常好。

劣势：柱状图的局限在于只适用中小规模的数据集。

适用场合：卷烟工厂中，不同机台或机型的二维数据集（每个数据点包括两个值 x 和 y）的比较普遍采用柱状图，如不同机台产量、停机、剔除的对比等。

2. 折线图

折线图显示了随时间（根据常用比例设置）而变化的连续数据，时间数据沿水平轴均匀分布，所有值数据沿垂直轴均匀分布。折线图样例如图9.10所示。

优势：折线图容易反映出数据随时间、地域或其他因素变化而变化的趋势。

劣势：当数据项较多时，折线图表达不明确。

适用场合：卷烟工厂中，同一指标的二维数据集（尤其是那些趋势比单个数据点更重要的场合）的比较普遍可以采用折线图，如物料的含水率、滚筒筒壁温度、同一机台的工艺质量、车速的变化趋势等。

3. 饼状图

饼状图显示一个数据系列中各项的大小与各项总和的比例。饼状图样例如图9.11所示。

优势：饼状图可以直观地展现出部分占整体的百分比。

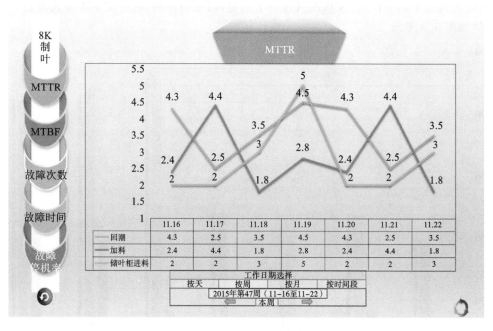

图 9.10　折线图样例

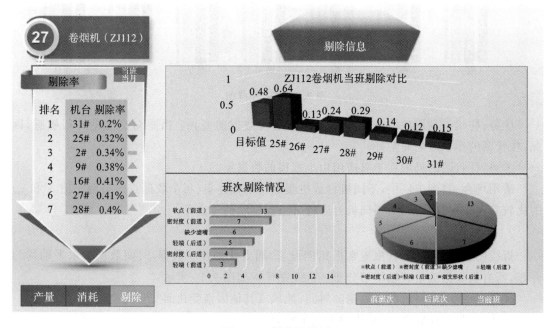

图 9.11　饼状图样例

劣势:饼状图不能直观展示各部分之间的比较情况。

适用场合:卷烟工厂中,饼状图适用于停机明细、剔除明细等明细类数据的展示。

4.雷达图

雷达图是通过将多项需要关注的数据规划到一个圆形的图表上来表现各项数据的总体变化情况的。雷达图样例如图 9.12 所示。

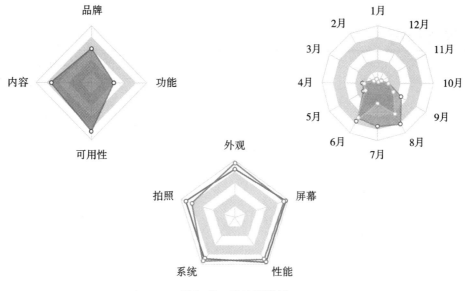

图 9.12　雷达图样例

优势：雷达图包含数据的维度大，可以用于总体情况的评价。

劣势：用户如果不熟悉雷达图，解读有困难。

适用场合：卷烟工厂中，雷达图可以用于多维数据（四维以上）的展现和比较，如设备运行分析、机台评价、人员评价、绩效考核等。

5. 地理位置图

优势：地理位置图以空间位置为基础，对宏观把控具有重要指导意义。

劣势：微观上，地理位置图的数据不直观。

适用场合：卷烟工厂中，整个车间当前的设备状况判断可以采用地理位置图来实现，整台主机设备的各个部分同样也适用地理位置图。

6. 日历图

与地理位置图类似，日历图显示了一定时间段内，不同时间点的数据情况。日历图样例如图 9.13 所示。

优势：日历图通过不同时间点的数据统计，宏观地指导生产。

劣势：微观上，日历图的数据不直观。

适用场合：卷烟工厂中，整个车间某一时间段内的设备状况规律可以用日历图来展示。

7. 散点图

散点图表示因变量随自变量的变化而变化的大致趋势，值由点在图中的位置表示，类别由图表中的不同标记表示。散点图样例如图 9.14 所示。

优势：散点图可以通过散点的疏密程度和变化趋势，概览数据、发现异常以及表达不同维度间的关系。

劣势：散点图对离散化的数据无法处理。

适用场合：卷烟工厂中，无确定联系的二维数据可以通过散点图来进行分析探索，如停机数据和剔除数据等。

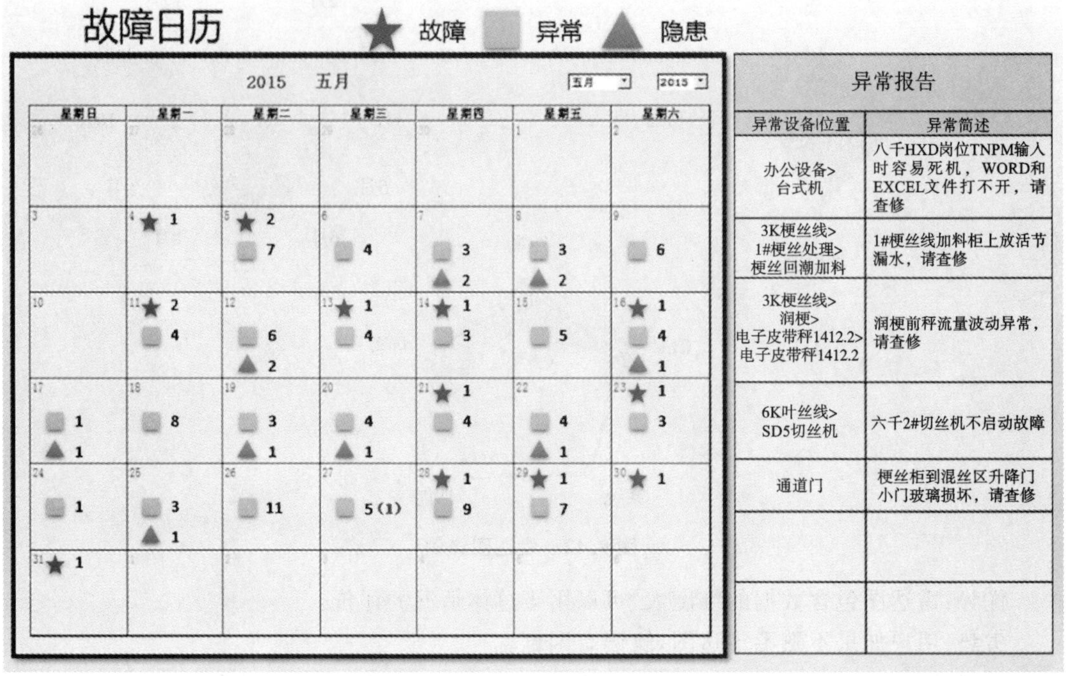

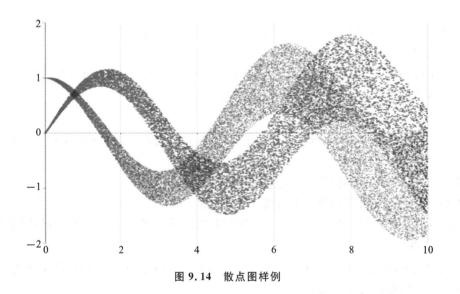

图 9.13　日历图样例

图 9.14　散点图样例

8．面积图

面积图强调数量随时间的变化而变化的程度,也可用于引起人们对总值趋势的注意。面积图样例如图 9.15 所示。

优势:面积图可以显示所绘制的值的总和,还可以显示部分与整体的关系。

劣势:面积图对数据要求太高,需要数据分类间距对等,且区域数量设置太少,一般不超过 4 个。

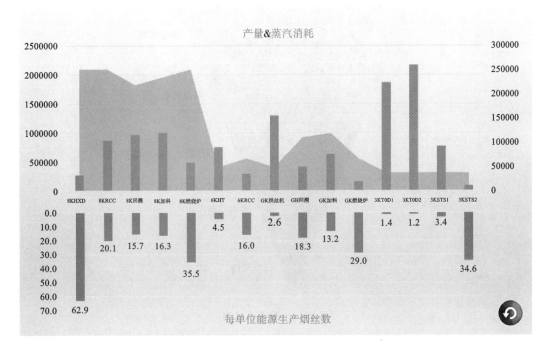

图 9.15　面积图样例

适用场合：卷烟工厂中，设备能耗和产量的关系可以使用面积图来展现。

9. 仪表盘图

仪表盘图强调数据随时间变化的动态过程。仪表盘图样例如图 9.16 所示。

图 9.16　仪表盘图样例

10. 漏斗图

漏斗图能够展示从一个阶段到另一个阶段的数量变化情况。漏斗图样例如图 9.17 所示。

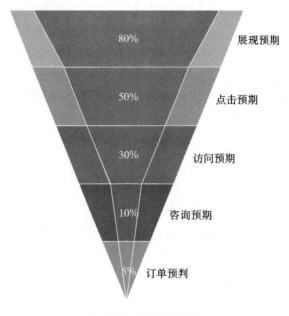

图 9.17 漏斗图样例

11. 关系图

关系图能够直观展现不同数据之间的联系,便于用户发现规律,辅助用户决策。关系图样例如图 9.18 所示。

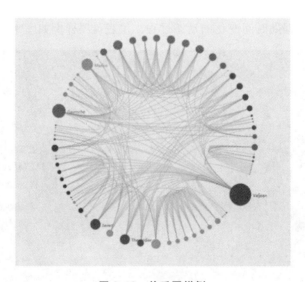

图 9.18 关系图样例

12. 热力图

热力图以特殊高亮的形式显示不同区域的数据量大小。热力图样例如图 9.19 所示。

13. 箱线图

箱形图显示一组数据的分散情况。箱线图样例如图 9.20 所示。

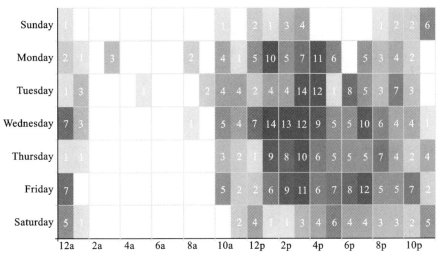

图 9.19　热力图样例

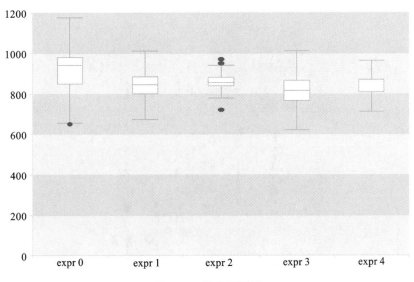

图 9.20　箱线图样例

14.气泡图

气泡图是散点图的变体,可以采用二维方式绘制包含 3 个变量的图表。气泡图样例如图 9.21 所示。

15.矩阵图

矩阵图是从多维问题的事件中,找出成对的因素,排列成矩阵图,然后用户根据矩阵图来分析问题。矩阵图样例如图 9.22 所示。

16.平行坐标图

平行坐标图用于对高维几何和多元数据进行可视化展现。平行坐标图样例如图 9.23 所示。

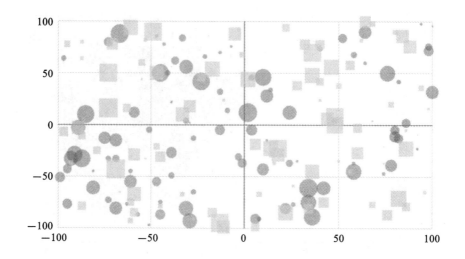

图 9.21　气泡图样例

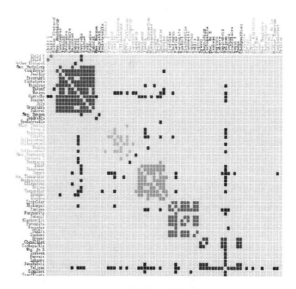

图 9.22　矩阵图样例

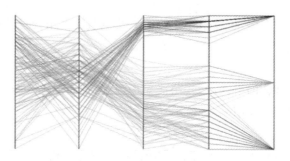

图 9.23　平行坐标图样例

17.桑基图

桑基图是一种流程图,图中延伸的分支的宽度对应数据流量的大小,通常应用于能源、材料成分、金融等数据的可视化分析。桑基图样例如图 9.24 所示。

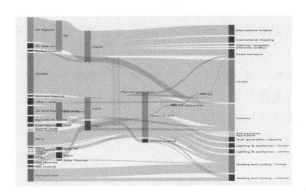

图 9.24 桑基图样例

18.其他

另外,韦恩图、数据河流图、和弦图、K 线图等均可以用在数据可视化设计当中,根据实际需求选择合理的工具方法能够提高设计效率和表达效果。

第四节 设备数据模型开发

卷烟工厂的设备数据模型开发常用的数学模型算法,经过筛选和试验比较,主要有如下 17 类。

1.假设检验

假设检验亦称显著性检验,是数理统计学中根据一定假设条件由样本推断总体的一种方法,用来判断样本与样本、样本与总体的差异是由抽样误差引起还是本质差别造成的。其基本原理是先对总体的特征做出某种假设,然后通过抽样研究的统计推理,对此假设应该被拒绝还是被接受做出推断。

2.方差分析

方差分析用于 2 个及 2 个以上样本的均数差别的显著性检验。根据观测变量数量的不同,可分为单因素方差分析、多因素方差分析和协方差分析。其中,单因素方差分析是用来研究一个控制变量的不同水平是否对观测变量产生了显著影响的,多因素方差分析是用来研究 2 个及 2 个以上控制变量是否对观测变量产生显著影响的,协方差分析则是用来排除不可控变量对观测变量的影响的。

3.回归分析

回归分析是用来确定 2 种或 2 种以上变量间相互依赖的定量关系的一种统计分析方法。通过确定因变量和自变量来确定变量之间的因果关系,能够建立回归模型,并根据实测数据来求解模型的各个参数。最后评价回归模型是否能够很好地拟合实测数据。如果回归模型能够很好地拟合实测数据,则可以根据自变量做进一步预测。

4.主成分分析

主成分分析法是指通过正交变换将一组可能存在相关性的变量转换为一组线性不相关的变量的降维统计方法,转换后的这组变量叫主成分。这种方法能够将原来的变量重新组合成一组新的互相无关的几个综合变量,同时可以根据实际需要从中取出几个较少的综合变量来尽可能多地反映原来变量的信息,从而减少变量的个数,便于进一步统计分析。

5.因子分析

因子分析是研究如何以最少的信息丢失为代价,将原始变量浓缩成少数几个因子变量,以及如何使因子变量具有较强的可解释性的一种多元统计分析方法。从处理方法上来讲,因子分析的基础是主成分分析。不同于主成分分析,因子分析不是将原始变量进行重新组合,而是将原始变量分解为公共因子和特殊因子 2 部分。

6.典型相关分析

典型相关分析是研究两组变量之间相关关系的多元统计分析方法。它借用主成分分析的降维思想,分别对两组变量提取主成分,且使两组变量提取的主成分之间的相关程度达到最大,而从同一组内部提取的各主成分之间互不相关,最后用提取的这两组主成分的相关性来描述两组变量整体的线性相关关系。

7.对应分析

对应分析也称 R-Q 型因子分析,是一种通过分析由定性变量构成的交互汇总表来揭示变量间联系的多元相依变量统计分析方法。该方法能把众多的样品和众多的变量同时展示到同一张图解上,将样品的大类及其属性在图上直观而又明了地表示出来,具有直观性。另外,它还省去了因子选择和因子轴旋转等复杂的数学运算及中间过程,可以从因子载荷图上对样品进行直观的分类,而且能够指示分类的主要参数(主因子)以及分类的依据,是一种直观、简单、方便的多元统计方法。

8.多维尺度分析

多维尺度分析是一种将多维空间的研究对象(样本或变量)简化到低维空间进行定位、分析和归类,同时又保留对象间原始关系的数据分析方法。该方法主要分析表示研究对象之间相似性的数据,既可以是实际距离的数据,也可以是主观对相似性的判断数据。它可以找出调查对象对于诸多研究对象的知觉判断以及他们之间隐藏的结构关系,并将含有多个变量的大型数据压缩到一个低维空间,通过一组直观的空间感知图把资料中的信息描绘出来。

9.信度分析

信度分析是一种检测测量工作稳定性和可靠性的有效方法,用于评价采用同样的方法对同一对象重复测量时所得结果的一致性程度。信度指标多以相关系数表示,大致可分为 3 类:稳定系数(跨时间的一致性)、等值系数(跨形式的一致性)和内在一致性系数(跨项目的一致性)。信度分析的方法主要有 4 种:重测信度法、复本信度法、折半信度法、α 信度系数法。

10.生存分析

生存分析是一种根据观测到的数据对一个或多个非负随机变量进行统计推断的方法。该方法可以解决统计分析中经常遇到的样本不完备问题,能够增加统计结果的合理性,并且已经被广泛地应用于对某些反映系统失效分布规律的数据研究中,研究的对象可以是生物死亡、系统失效或事件复发等。

11.分类分析

分类分析是指通过建立分类算法或分类模型,把数据项映射到某种给定类别的方法。分类分析利用一组已知类别的样本调整分类器的参数,使其达到所要求的性能。已知类别的样本称为训练集,而需要进行分类的数据称为测试集。通过对训练集中不同类别的数据特征进行提取、学习,建立分类模型,能够对测试集进行分类判断,故分类分析也称为有监督的学习。常用的分类方法有 K 近邻算法、贝叶斯分类法、神经网络法、支持向量机法、决策树算法等。

12.预测分析

预测分析是指利用历史数据记录寻找数据变化的规律,建立映射函数并以此预测未来数据的数值、类别等的一种方法。常见的预测分析算法有神经网络法、支持向量机法、决策树算法、灰色预测法等。区别于回归分析和分类分析,预测分析既可用于连续数值,也可用于离散数值;而回归分析仅可用于对连续数据的预测,分类分析仅可用于对离散数据的预测。

13.聚类分析

聚类分析是指将物理或抽象对象的集合分组为由类似的对象组成的多个类别的分析方法。该方法能够在没有给定分类的情况下,根据样本数据间的距离或相似度对样本进行类别划分,保证最大的组内相似性和最小的组间相似性,是一种无监督的学习。常用的聚类分析算法有 K 均值聚类算法、K 中心点聚类算法、密度聚类算法、系谱聚类算法、期望最大化聚类算法等。

14.关联分析

关联分析是一种在数据集中发现不同数据间关联性或相关性的方法。该方法能够用于描述不同事件、事物中某些属性同时出现的规律,或数据之间的相互联系。常用的算法有Apriori、FP-Tree、HotSpot 等。

15.时间序列分析

时间序列分析是一种根据系统观测得到的时间序列数据,通过曲线拟合和参数估计来建立数学模型的方法,一般采用曲线拟合和参数估计方法(如非线性最小二乘法)进行。该方法一般用于预测、自适应控制等方面。常见的时间序列分析算法有简单回归分析、趋势外推法、指数平滑法、自回归法、ARIMA 模型、季节调整法等。

16.灰色理论

灰色理论认为现实世界并不是清清楚楚的白色系统,又非一无所知的黑色系统,而是略知一二的灰色系统。该理论着重研究概率统计、模糊数学所不能解决的小样本、贫信息、不确定等问题,并依据信息覆盖,通过序列生成寻求现实规律。其特点是少数据建模。常见的灰色理论应用方法有灰色系统建模理论、灰色系统控制理论、灰色关联分析方法、灰色预测方法、灰色规划方法、灰色决策方法等。

17.综合评价法

综合评价法是指使用比较系统的、规范的方法对于多个指标、多个单位同时进行评价的方法。其应用的关键在于指标选择、权重确定、方法适宜等 3 个方面。常见的综合评价方法有 FMEA(失效模式及后果分析)失效模式分析法、综合指数法、TOPSIS 法、RSR 法、层次分析法、熵权法、模糊综合评价法、灰色系统评价法等,各评价方法可以相互结合,以弥补自身在某些评价方面的不足。

第五节　数据驱动的应用实践

各个卷烟工厂尽管设备管理模式、设备机型、数据采集程度不一,但只要按照设备数据全寿命周期管理方法并结合设备管理业务深入研究、不断探索,设备数据对设备管理的支撑、促进、提升作用就会逐步凸显,设备数据应用方向也会不断拓宽和深入。

一、基础管理

基础管理是设备管理的基础,主要包括设备台账管理、维修履历管理、知识管理等。设备台账管理是指记录和管理设备主数据及设备的验收、转固、投产、改造、移动、状态变更、专卖调拨、报废等流程和设备的价值信息。维修履历记录着设备的使用情况和维修情况,包括维修措施、维修时长等,维修履历管理是对维修履历信息进行全面有效的管理和应用。知识管理是对知识、知识创造过程和知识的应用进行规划和管理的活动,即在设备管理中构建一个量化与质化的知识系统,让经验与知识,通过获得、创造、分享、整合、记录、存取、更新、创新等过程,不断的回馈到知识系统内,成为设备管理的智慧资本。基础管理的主要应用方向的探索实践如下。

1. 设备基础管理动态化、可视化

设备基础管理动态化是指全面应用计算机和数据库等技术,将各设备管理信息系统进行有机关联,通过设计接口进行数据交流共享,进而实现设备基础管理数据的及时补充、更新。设备基础管理可视化是指在动态化的基础上,建立可视化查询系统或模块,实现数据直观展现、检索定位。

实现设备基础管理的动态化能够保证设备基础管理的数据的完整准确,为自身和其他业务的数据分析提供可靠的数据资源;同时可以避免员工的重复录入和统计,降低劳动强度,提高企业数字化设备管理水平。设备基础管理的可视化能够使用户快速找到所需要的设备数据,直观判断设备的基本情况,提高数据利用效率。

设备基础管理的动态化、可视化是各项业务数据应用的基础。在新建厂房或工厂异地迁建时,完善的设备规格、型号、技术参数等数据能够为设备布局提供理论基础;设备使用过程中,准确的设备役龄、购置成本、维修时长、维修次数等数据能够为设备维修改造升级策略提供参考;另外,知识管理数据如 OPL、SOP、技术论文、专利等的可视化展现,有助于针对性地提升员工技能,提升设备管理水平。

2. 维修技能评价

维修技能评价是指以设备基础管理数据为基础,结合生产数据、设备运行数据、设备本体数据等其他数据,采用科学的方法判断维修工的维修技能水平。维修技能评价不仅可以为维修管理提供依据,还能够促进维修工的维修技能不断增强。

传统的维修技能评价主要是参照企业各项管理要求,结合操作工、维修工、工段长、设备员的主观判断进行的。这种评价方法相对简单,主观性、单一性、随机性较强,评价结果易受人为因素的影响,不利于企业的长远发展,不符合当前的精益设备管理理念。引入先进的人员技能评价模型能够充分考虑到影响维修技能的各个因素,全方位、多维度地对维修技能进行评价,对企业来说具有非常重要的现实意义。

卷烟工厂的维修技能评价模型可以将维修履历中的故障原因、停机次数、维修时长等数据,生产数据中的产量、剔除等数据,以及工艺质量数据、测评数据等纳入维修技能动态评价体系中,通过选择层次分析法、德尔菲法(Delphi Method)、熵权法、TOPSIS法、粗糙集评价理论、模糊综合评价法、生态位评价方法、灰色系统理论、集对分析法之中的一种或几种方法,建立合理的评价模型,然后结合时间序列,得出一段时间内的维修工维修技能评价值。另外,维修技能评价值还可以与员工的学习能力、个人品德等指标结合,对维修工进行综合评价。

二、运行管理

设备运行管理是实现设备维护的重要手段。设备运行管理是指为加强设备管理、确保设备安全可靠、无故障运行,在设备运行过程中从设备的交接班、保养、点检、润滑等方面进行的管理。设备的交接班是指交接班者必须进行的交接班手续。交班者在交班前应清洁、整理工作场地、随机维修工具、运行记录等,接班者应检查机械是否正常及交班前工作是否完毕,然后接班。设备保养是指通过擦拭、清扫、润滑、调整等一般方法对设备进行护理,以维持和保护设备的性能和技术状况。设备点检是为了提高、维持生产设备的原有性能,通过人的五感(视、听、嗅、味、触)或者借助工具、仪器,按照预先设定的周期和方法,对设备上的规定部位(点)进行有无异常的预防性周密检查的过程。设备点检能够使设备的隐患和缺陷得到早期发现、早期预防、早期处理。润滑管理是指企业采用先进的管理方法,合理选择和使用润滑剂,使用正确的换油方法以保持机械摩擦良好的润滑状态的过程。

当前设备自动化、工业互联网技术已经普遍应用于企业的生产制造过程中,对自动化和信息化技术在设备管理中起到了助推作用。目前,各烟草企业在自动化和信息化技术应用到企业设备管理、车间检维修中的深度和广度还不够,尤其是设备在其寿命周期内的不同阶段以及同一设备的不同方面的运行指标分别由企业内部不同部门负责,并且相互之间沟通协调不便,很难形成统一管理。

随着智能传感器、工业互联网、大数据技术的普及和应用,企业通过采集设备的运行信息,建立设备运行数据库,监控设备的运行状态,同时为KPI指标库提供数据源。当数据库存储了设备历年来的运行记录及状态记录时,就可以对设备的状态进行横向(同一类设备之间)和纵向(同一台设备不同时期之间)的比较分析;再结合设备缺陷及检修情况,就可以对设备目前的性能做出准确的评价。这样,设备管理人员就能够随时、准确地判断出某台设备的运行情况,及时做出相应的处理,也可查找出设备要进行维修的历史缺陷信息和维护信息,并获得设备的全部运行数据和相关的各种技术指标。通过对这些长期累积的数据的分析,设备管理人员就可以既发挥主观能动性又不失客观地进行工作安排了。设备运行管理的主要应用实践如下。

1.交接班自动化

交接班管理是确保班次与班次之间、生产现场操作人员与设备管理人员、维修技术人员等员工之间的信息沟通规范且顺畅的关键。其主要功能包括交接班日志的记录和确认、记录设备运行的综合信息。

设备运行的综合信息包括设备基础数据(班次、班组、产线/机组、工序/机台等)、生产数据(生产时间、产量、牌号、批次等)、运行数据(生产时间、故障时间、停机时间、维修时间等)、消耗数据(投料量、原辅料使用量等)、工艺质量数据(工艺参数、质量数据)、能源数据(水使用量、蒸汽使用量等)、维修数据(维修工单、维修时间、维修内容等)、备件数据(备件型号、备件领用记录等)。

目前,各企业在生产运行、设备维护、质量检验等岗位环节均建立了交接班记录制度,有些企业通过信息化系统将交接班记录实现了电子化,但是还是存在员工手写、人工输入的环节。

通过基于设备运行数据的自动化交班记录的实施,员工通过现场岗位电子看板的人机交互,实现了生产、设备运行、工艺过程等实时数据自动上传至交班记录并保存。这样可以有效地避免员工漏报、误报、瞒报的情况,从而约束员工的操作行为,同时可以实现数据的共享、查询、分析等功能。

2.设备维保策略优化

设备维保是对设备的维修、保养的统称。合理的维保策略能够有效地提高设备运行效率和生产率,降低设备损耗和生产成本,从而延长设备的使用寿命。通过对设备运行数据进行分析,能够对设备异常进行实时监测,从而了解设备的运行状态。这不仅能够为制订更合理的点检、保养、润滑计划提供依据,还能提高周期性维修计划的针对性和有效性。

(1)异常监测一般是基于数据关联性模型,预估生产过程中的产质耗数据、停机时长等关键指标数据的期望值,并把实际所获取的实时数据与预估得到的期望值进行对比,对实时生产数据进行评估,及时发现异常数据并进行处理,从而实现生产过程的监控。

(2)通过对设备运行数据的统计分析,重点在于信息分析、设备性能衰退过程预测、优化设备保养策略,从而达到近乎零故障的保养模式。通过对设备和产品进行不间断的监测和性能的退化评估,做出智能设备保养决策,从而做到设备终身不大修。

(3)根据设备运行数据来制订点检策略,其核心是建立点检设备的部位及项目、点检周期和设备运行时间等数据之间的关联性,将设备的实际运行时间而不是制度时间作为设备点检的周期,从而提高点检周期的精确度。通过设备实际运行时间的统计,实施设备点检路径、周期的动态管理,从而做到执行路线不乱、不漏、优化和省时。

(4)设备润滑对于生产制造企业来说有着非常重要的意义,直接影响着生产能否顺利进行。但是,润滑设备和润滑点比较多使得某些设备的某些润滑点被疏忽而未对其进行润滑,导致润滑效果不理想;同时,润滑方式还存在缺乏科学依据和延时的问题。通过对设备运行数据进行分析结果来制订润滑策略,能够极大程度地保证设备润滑的"五定"原则的落实执行,消除设备润滑中的油品浪费和因润滑不足造成的设备故障。

(5)周期性检修是指按照一定的时间间隔对设备进行检修。检修周期的长短是根据设备的构造、工艺特性、使用条件、环境和生产性质决定的,同时也取决于使用期间零件的磨损和腐蚀程度。根据设备运行数据的分析,能够明确影响设备检修周期的因素以及影响程度。

这样，就能够对众多不同类型的设备分别制定检修周期，提高检修效率。

3.设备的智能控制

智能控制是指在无人干预的情况下能自主地驱动智能机器实现控制目标的自动控制技术。如果一个系统具有感知环境、不断获得信息以减小不确定性和计划、产生以及执行控制行为的能力，即称之为智能控制系统。智能控制技术是在向人脑学习的过程中不断发展起来的，人脑是一个超级智能控制系统，具有实时推理、决策、学习和记忆等功能，能适应各种复杂的控制环境。

设备智能控制利用一切可以感知的设备数据，依据算法模型在实现无人干预的情况下自主地驱动智能机器实现控制目标的自动控制。

智能控制与传统的或常规的控制有密切的关系，而不是相互排斥的。常规控制往往包含在智能控制之中。智能控制利用常规控制的方法来解决低级的控制问题，力图扩充常规控制方法并建立一系列新的理论与方法来解决更具有挑战性的复杂控制问题。传统的自动控制是建立在确定的模型基础上的，而智能控制的研究对象则存在模型严重的不确定性，即未知或知之甚少的模型，模型的结构和参数在很大的范围内变动。比如，工业过程的病态结构问题、某些干扰的无法预测，致使无法建立其模型，这些问题对基于模型的传统自动控制来说很难解决。传统的自动控制系统对控制任务的要求是要么使输出量为定值（调节系统），要么使输出量跟随期望的运动轨迹（跟随系统）。因此，传统的自动控制系统具有控制任务单一性的特点。而智能控制系统的控制任务较复杂，它要求对一个复杂的任务具有自动规划和决策的能力，有自动躲避障碍物运动到某一预期目标位置的能力等。传统的控制理论对线性问题有较成熟的理论，而对高度非线性的控制对象虽然有一些非线性方法可以利用，但不尽人意。而智能控制为解决这类复杂的非线性问题找到了出路，成为解决这类问题行之有效的途径。与传统自动控制系统相比，智能控制系统具有足够的关于人的控制策略、被控对象及环境的有关知识以及运用这些知识的能力；与传统自动控制系统相比，智能控制系统能以知识表示的非数学广义模型和以数学表示的混合控制过程，采用开闭环控制和定性及定量控制结合的多模态控制方式；与传统自动控制系统相比，智能控制系统具有变结构特点，能总体自寻优，具有自适应、自组织、自学习和自协调能力；与传统自动控制系统相比，智能控制系统有补偿及自修复能力和判断决策能力。

生产过程的智能控制主要包括局部级和全局级两个方面。局部级的智能控制是指将智能引入工艺过程中的某一单元进行控制器设计，如智能PID控制器、专家控制器、神经元网络控制器等。局部级的智能控制的研究点是智能PID控制器，因为其在参数的整定和在线自适应调整方面具有明显的优势，且可用于控制一些非线性的复杂对象。全局级的智能控制主要针对整个生产过程的自动化，包括整个操作工艺的控制、过程的故障诊断、规划过程操作处理异常等。设备智能控制主要包括分级递阶控制系统、专家控制系统、人工神经网络控制系统、模糊控制系统、学习控制系统等类型。

4.设备数据可视化

数据可视化是通过运用图片、表格等工具将设备数据元的数值、变化趋势等信息形象地展现出来，将数据的主要信息因素提取出来满足人们的各种需求。数据可视化呈现出来的是数据以及对数据的分析结果。保证数据的精确性和可用性是数据可视化的基础和前提。

根据卷烟工厂实际生产运行和现场管理的需要，可以展现设备性能分析、工艺质量分析、设备效能分析等方向的数据可视化。例如设备性能分析可以包括故障平均修复前时间(MTTR)、平均故障间隔时间(MTBF)、故障停机时间、故障停机次数、故障停机率等。

可以利用故障地图显示某工艺段几个岗位的异常隐患故障的数据。故障地图包含了故障设备的位置信息和故障简述信息。用户通过故障地图可以查看整个产线的故障信息;通过数据交互式钻取,可以显示不同班组的内容。故障地图示例如图 9.25 所示。

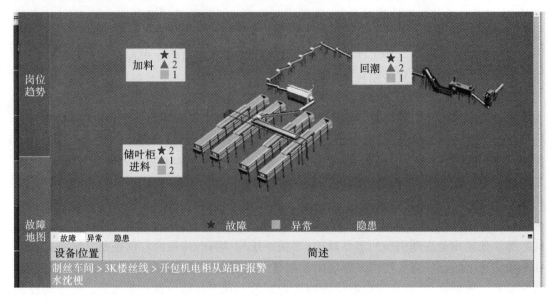

图 9.25　故障地图

故障日历主要是将设备的异常隐患故障数据按照日历的形式进行展示。故障日历可显示当月每一天设备的故障、异常和隐患的数量。单击日历上的图例,日历右侧则显示出每一天的报告汇总。在故障日历中,用红色数字标出了未处理的数量。故障日历示例如图 9.26所示。

图 9.26　故障日历

5.设备运行成本的统计与分析

设备运行成本的数据进行统计和分析能够有效地对设备运行成本进行控制。

通过对设备润滑保养的成本进行统计,包括润滑的周期、保养的标准、保养的人员安排等,能够有效地检验当前润滑保养制度是否合理。合理的设备润滑保养策略能够大大地提高设备运行效率,降低材料费用和人工费用,从而降低设备的运行成本。

通过对设备点检成本的统计和分析,能够对"五定"的要求进行评价,从而对设备点检策略进行优化,制订出更合理的点检标准。

通过对设备运行成本的统计分析,可以有效地对设备运行管理中各项工作制度的情况进行统计了解,以便于对制度进行更好的完善,从而实现设备运行成本的控制。

三、维修管理

近几年来,卷烟设备不断向高速化、自动化、信息化及机电系统一体化方向迅速发展,对设备的故障诊断、管理与维修提出了更高的要求。卷烟工厂普遍采用的事后维修和计划性维修主要依赖于人的经验和设备维修手册,容易造成设备的失修和过修,不利于行业设备的技术、经济管理。预知维修是基于大数据、互联网+、两化深度融合等新技术和发展战略提出的一种科学维修方式,是以设备状态为依据的维修。在设备运行时,对它的主要(或需要)部位进行定期(或连续)的状态监测和故障诊断,判定设备所处的状态,预测设备状态未来的发展趋势,依据设备状态的发展趋势和可能的故障模式,预先制订预知维修计划,确定设备应该修理的时间、内容、方式和需要的技术和物资支持。预知维修集设备状态监测、故障诊断、故障预测、维修决策支持和维修活动于一体,是一种新兴的维修方式。尽管卷烟工厂数采程度参差不齐,但大都已经积累了一些维修管理数据。新的历史条件下,各卷烟工厂应借助数据挖掘方法和工具,不断优化当前的维修管理流程,预警预测设备故障,不断提高设备管理业务的响应能力,为日常维修、计划维修、预知维修等提供科学决策。

维修管理的主要应用方向的探索与实践如下。

1.设备智能轮保策略

轮保是按计划轮流对设备进行一定时长的维修和保养的一种模式,它是卷烟工业企业近几年来结合自身行业的生产特点,采取的一种较为实用的维保模式。

该维保模式比周保的针对性强,比中修的时效性强,所以,目前应用较为广泛。但轮保模式因对设备数据应用不充分,存在轮保时机选取和轮保标准设定选择不科学的弊端。

以设备生产数据(生产日期、班组、班序、机台号、牌号、额定产量、实际产量等)、质量数据(卷制质量、包装质量)、消耗数据(卷烟纸耗用、小盒商标纸耗用、滤棒耗用)、剔废数据(空头、漏气、缺支、拼接、过轻和过重等)、停机数据(故障现象、故障次数、故障时长等)和维修数据(故障部位、故障原因、维修措施、维修人、维修效果)等数据为输入,通过模型运算,能够自动生成设备的综合评价得分。维修人员可以根据设备的综合评价得分进行同机型设备横向、设备纵向、企业设备管理目标等多个维度的分析比较,结合故障决策树制订最优维保措施。

2.设备预知维修策略

预知维修策略是以设备状态监测和预测为基础的一种维修策略。这种策略通过各种手段掌握设备或设备局部单元的瞬时状态,并结合设备的历史状态,进行分析、对比,进而对设备故障进行预测。预知维修策略可以在故障发生之前就对故障做出反应,可以避免故障以及故障修复带来的投入,也能够有效抵御故障传播带来的影响,具有容错投入小,处理过程简单,对用户透明等优势。

(1)以设备频发的小故障作为研究对象,把故障数据包括故障发生的日期、班组、班序、机台号(生产线号)、故障现象、故障部位、故障原因、维修措施、故障次数、故障时长、维修人、维修效果等作为输入,采用神经网络等方法加以分析,可以有效地预测出导致故障频发的故障原因和部位。接着利用智能故障决策树确定维修措施,进行预知维修,能够有效杜绝设备大故障的发生。

(2)针对产品质量缺陷的维修大多采用日常维修和计划维修,这样的维修实时性差,不利于产品质量管控。将设备生产数据(生产日期、班组、班序、机台号、牌号、额定产量、实际产量等)、质量数据(短期偏差)、剔废数据(过轻、过重)、停机数据(故障现象、故障次数、故障时长等)和维修数据(故障部位、故障原因、维修措施、维修人、维修效果)等数据作为输入,借助神经网络、聚类、相关性分析等方法,可以在质量缺陷发生前预知故障发生并采取措施,对稳定产品质量有着积极的作用。

3.设备计划维修策略

计划维修是按照计划对设备进行的周期性修理,主要包括总成组件维修、项修、定期维修等。计划维修策略是目前卷烟工厂采用较多的一种维修模式。它的优点是可以将潜在故障消灭在萌芽状态。

(1)以总成组件为研究对象,综合利用设备生产数据(生产日期、班组、班序、机台号、生产线号、牌号、额定产量、实际产量、设备上电时长、实际开动时长等)、质量数据(卷制质量、包装质量)、消耗数据(卷烟纸耗用、小盒商标纸耗用、滤棒耗用)、停机数据(故障现象、故障次数、故障时长等)、维修数据(故障部位、故障原因、维修措施、维修人、维修效果)和总成组件数据等数据,可以更加科学地计算总成组件的使用寿命,进行计划性更换和维修。

(2)项修是根据设备的实际情况,对状态劣化难以达到生产工艺要求的部件进行的针对性维修。传统的项修工作是根据维修经验制订项修计划的,缺乏理论依据,可能造成过度维修和维修不足。以设备生产数据、运行数据、维修数据、质量数据为输入,通过对这些数据建立模型加以分析,能够实时评价设备的当前状态,为制订项修计划提供理论基础。

4.设备故障管理策略

故障管理是故障管理工作的中心,只有通过对故障信息的定量分析,找出导致故障发生的主要因素,从而明确今后设备管理的方向,才能有效地降低设备故障的发生率。

(1)故障管理可以对设备停机数据、维修数据进行分析挖掘,发现其中存在的规律,生成和完善故障决策树。建立标准统一、时效性强的维修机制,便于维修人员进行共享和检索,也有助于后期按类别统计分析。

(2)故障管理还可以对企业的全部设备的故障基本状况、主要问题进行统计分析,找出管理中的薄弱环节。从本企业设备着手,采取针对性措施,预防或减少故障,改善技术状态。

5.设备维修成本的数据统计与分析

设备维修成本是企业生产成本的重要组成部分,合理使用与有效控制设备的维修成本是提高企业经济效益的重要手段。传统的对维修成本的手工管理模式缺乏即时性、准确性和权威性,不能满足当前对于维修成本统计与分析的需求。大数据时代,企业需要依靠现代化的数据技术来支撑对维修成本数据收益以及统计的分析；对于设备数据的应用，能够充分发挥数据的优势，克服传统的维修成本管理的弊端。

设备数据应用于设备维修成本的统计分析，能够实现设备维修成本的精益化管理；还能为管理层提供快速、准确、高质量的统计和分析结果，实时地反映设备的维修状况，为决策提供有力的支持，从而达到降低设备维修成本的要求。同时，设备数据的统计分析还有利于减少设备维修中存在的浪费，减少设备失修和过度维修的情况发生。

四、备件管理

备件管理是指用最少的设备资金和合理的备件储备，保证设备的维修需要，提高设备使用的可靠性和经济性。备件管理是设备管理的重要组成部分。

目前，在卷烟工厂备件管理工作中，过往经验依然起到关键作用。对于备件性能、备件安全库存、备件需求和供应商服务等方面的分析能力不足，造成备件管理工作缺乏科学性，导致备件库存周转率较低，停机风险较大。

信息技术的发展，特别是数据科学的进步，为传统备件管理模式注入了新的活力，丰富了备件管理的手段和方法。伴随着数据采集和数据分析技术的日益成熟，使得备件管理与相关业务应用产生横向和纵向联系，为备件管理提供了科学分析的方法基础和数据保障。通过备件寿命周期的分析、备件需求的预测、备件性能的分析，安全库存风险评估及供应商的评价等工作的开展，使得备件管理相关业务应用更加科学、精准、便捷。

备件管理的主要应用方向的探索与实践如下。

1.备件分级分类

备件分级分类是指在备件管理工作中对备件按照备件的重要程度、费用、更换频率等信息，对备件进行类别划分，对不同类别备件采用不同的管理策略，从而提高备件精益管理水平。

备件分级分类是备件管理的基础工作。采用不同的管理策略可以优化备件管理中的资源配置，保障备件采购的准确性、及时性和必要性，提高备件费用分配的科学性，保障备件的安全库存，降低停机风险。

备件分级分类常采用 ABC 分类原则，其具体分类方法不尽相同，常采用统计评价法、聚类分类分析法、分类树分类法等。备件分类思想是利用备件各维度数据，如备件价格、备件更换间隔、备件重要程度等进行综合分析。统计分类法对各评价维度进行 ABC 等级划分，汇总统计备件 ABC 等级组合，进而确定综合的分类，例如，组合 BAA（备件价格为 B 类，备件评价更换间隔为 A 类，备件重要程度为 A 类）被划分为 A 类，需要重点关注。聚类分类分析方法指按照备件多维度的数据值对备件进行类别划分；同类别的备件能够呈聚集的特点按照备件的分布特点确定备件的类别。分类树分类法是指按照备件各维度数据的分类标准，构造一棵分类树，依据构造的分类树进行备件类别判断；分类树融合了评价数据维度，待分类备件可通过分类树逐次判断最终得到分类结果。

2.备件寿命周期分析

备件寿命周期分析是指基于备件使用数据，通过某种分析方法，探寻备件实际使用寿命所服从的规律，确定备件相对精准的实际使用寿命范围的过程。各种备件一般具有设计使用寿命，但由于安装环境、装配水平、运行负荷等因素的不同，备件的实际使用寿命一般与设计值不相同甚至相差甚远。如果某一设备或某类设备的备件的安装和运行环境相对确定，那么其使用寿命也相对确定或符合某种规律。

通过备件寿命周期分析，能够确定相对准确的备件寿命参考值，从而指导设备维修和设备运行工作的开展。同时，结合备件采购周期、设备数量等相关数据，能够有效指导备件安全库存管理工作。

备件寿命周期分析常采用各类统计分布模型来进行评估。不同工作模式的备件，应采用不同分析模型。对于串联模式如链条，可以采用威布尔分布模型进行分析；对于大量元器件构成的备件如电路板、电子设备，属于无积累偶然失效的类型，可以采用指数分布模型进行分析；对于由于累计消耗造成磨损引起失效的备件如轴承，可以采用正态分布模型进行分析。选定分布模型后，将备件寿命的历史数据代入分布模型中，进行备件寿命的参数估计，估算出某显著水平下的寿命均值和相关参数值。可根据备件编码、出库时间、安装机台、安装位置、安装机台运行数据等计算出备件的实际使用时间。

3.安全库存管理

备件安全库存管理旨在保障备件库存能够应对因不确定因素导致的需求量增加或采购延迟等问题，保证设备运行；在此前提下，降低备件库存，缩短备件的呆滞周期，加快备件费用周转。

备件的安全库存管理能够确定一个合理的备件库存数量，做到保障备件需求和缩短备件呆滞周期两相顾。科学的安全库存管理能够提高满足备件需求的保障能力，降低设备停机风险；能够提高备件费用支配的合理性，降低费用支出；能够加快备件的库存周转，降低备件库存。

在备件分类和备件寿命周期分析的基础上，结合各类别备件的采购周期、设备数量、采购计划制订周期等因素，或者依据备件消耗的预测值，通过风险分析，预设风险余量来设定科学的备件安全库存的上下限。通过订单制订日期和备件到货日期分析备件的采购周期，通过备件寿命周期数据和机台数量预测采购周期内备件的消耗量。备件安全库存管理自动触发机制就是结合现有库存和备件采购周期数据，自动触发采购提醒，指导备件采购。在保证备件响应的及时性的基础上，降低备件库存及费用，加快备件的资金周转。

4.精准备件需求制订

精准备件需求制订是指在备件管理中，备件需求订单的制订更加经济、科学、有针对性。需求订单的制订建立在备件现有库存、采购周期和安全库存要求的基础之上，通过精准备件需求订单的制订，提高备件采购的经济性。

精准备件需求的制订可以提高备件实际需求的命中率和采购数量的准确性。在保障备件及时响应的基础之上，降低备件的闲置时间，加快备件的库存周转。

精准备件需求的制订是建立在备件安全库存基础之上的。结合备件采购周期、设备检修、维修计划和备件现有库存等，结果自动触发机制通过对各备件库存和安全上下限的遍历，统计备件需求，制订备件需求计划。做到需求精准定制，确保备件安全库存，实现备件费用合理支出。

5.备件供应商评价

供应商评价是指，按照备件价格、备件外观质量、使用寿命及供货响应周期等因素，对同类备件的不同供应商进行综合分析和评价。

供应商评价可以为选择优质供应商提供依据。在进行备件订购时,通过供应商的评价数据选择优质的供应商,确保备件采购的经济因素、质量因素和响应时间的综合最优。

供应商综合评价利用供应商编码、备件编码、备件质量数据、备件寿命周期、备件价格和供货响应时间等数据,对同类备件的多个供应商进行综合分析。根据对反映供应商优劣的各维度参数关注程度的不同,供应商综合评价方法为各维度参数设定了不同的权重,然后通过综合计算得到不同供应商的综合评价得分。在采购备件时,依据综合评价得分,选择最优质的供应商。

6.备件成本的数据统计与分析

传统的备件管理缺乏对备件信息的共享,对备件寿命跟踪不足,采购计划的制订不科学,导致备件成本居高不下。如今,备件的各种数据都实现按照机台进行统计,这使得数据也更全面、更准确。通过对备件成本数据的统计,可以制订出更合理的库存和采购周期,从而降低库存量和备件成本。备件管理应当从成本控制角度出发,利用设备数据对备件管理的各方面进行优化改进,并通过对备件成本数据的统计和分析,明确备件管理的目标,在备件管理的主要环节上引进科学的管理方法,力求用最少的资金、合理的储备来保证设备维修的需要,提高设备的使用可靠性、维修性和经济性,实现备件的精益化管理。

五、工程项目管理

设备的工程项目管理主要是指设备的购置、大中项修、改造和物料采购等项目的全过程管理。其具体包括立项管理、项目过程管理、验收与结算、归档管理等内容。

设备工程项目管理的核心问题是,企业如何对项目运行的质量、费用和总体进度进行有效控制,如何在相对有限的时间和空间以及所规定的预算范围内,把大量的人力、物力、财力进一步组织起来,更加合理有序地实现预期的项目目标,达到工程项目管理的最终目标。在工程项目管理的具体运作过程中,应争取在既定的有限资源限制内,更好地做到高质量、低成本和高效率。在这些基本的要素中,质量控制是最终目标。在质量控制的基础上,进一步控制进度和费用,实现对进度和费用的有效控制。

工程项目管理在发展过程中已经逐步形成了一套相对完善的理论方案和方法体系,包括CPM(关键性途径方法)、PERT(计划评审技术)、线路图(甘特图)等。但是由于工程项目管理涉及人、物、财等多个方面,同时存在部分难以量化的因素,故仍需要依赖专家经验或头脑风暴的方法对项目进行分析、辨识并提出处理意见,因此具有较强的主观性。

随着信息网络的飞速发展,数据的重要性愈发受到重视。目前,一些卷烟工厂已经积累了部分生产运营中产生的数据。通过对这些数据加以处理分析,能够有效地挖掘人、物、财等各方面的相关联系,从项目质量、效率、成本等角度,客观地指导管理决策,发现管理漏洞,提高项目管理水平。

工程项目管理的主要应用方向的探索如下。

1.设备维修改造更新决策策略

基于数据的设备维修改造更新决策策略是指,综合分析设备基础数据、设备运行数据、设备成本数据和企业资产数据等相关数据,考虑设备的生产效率、可靠性、经济性和环保性等方面,采用多目标优化的方法,合理选择设备的管理策略,规划项目实施内容,控制项目实施进度,保证设备的生产效益。

设备维修、设备改造和设备更新是设备管理的重要内容,采用不同的设备管理方法。但从内容上来说,它们彼此之间又有一定的相互联系。以往主要依赖于专家的经验判断决定采用何种设备管理方法。但由于人的主观意识,专家的经验判断往往并不一定是最合适的方案。通过采集分析设备基础、运行、成本等数据,能够较为客观的判断设备经济、技术水平,以此为据可制订相应的设备管理方案。

在设备更新改造维修的决策中主要考虑运行数据中的设备利用率、设备运行效率和台时产量等,成本数据中的委外维修费用比率、备件资金占用率、备件资金周转率、烟叶单耗、盘纸耗损率、商标(小盒)纸耗损率、条盒纸耗损率、滤棒耗损率和单箱能耗等,资产数据中的役龄、设备投入产出率、设备产能贡献率、单位产量维持费用、设备资产维持费用率、设备原值、净值、折旧年限和折旧剩余年限等,以及基础数据中的平均恢复前时间(MTTR)和平均故障间隔时间(MTBF)等数据。各卷烟工厂可根据自身实际,选取全部或部分数据作为输入,采用神经网络、SVM、风险分析、多目标优化等方法加以分析,为设备的维修改造更新决策提供依据(辅助决策)。

2.项目多目标综合评价

基于数据的项目多目标综合评价是指,在项目已经完成并运行一段时间后,采用多目标分析方法,构建涵盖项目的目标、实施过程、效益、作用和影响等方面指标的综合评价体系,进行定量分析总结的一种评价方法。通过这种评价,能够判断项目是否达到预期效果;总结经验教训,提高未来新项目的管理水平。

项目评价是项目管理的重要部分,是对整个项目全过程的综合评价。项目评价包含目标评价、实施过程评价、效益评价、作用评价和影响评价等方面,每个方面又可由多种评价指标进行评价。由于项目管理涉及方面较广,一般不采用单一指标或单一方面对项目进行评价,而是将单一指标作为综合评价体系的一部分,进行多角度综合评价。同时,为了提高评价的可靠性,可采用层次分析法、风险分析法等方法将定性指标转换为定量指标,减少主观因素的干扰,公正、客观地从多方面评价项目管理过程,使评价结果更科学。

基于数据的项目多目标综合评价的建立包含以下几个关键。

(1)选取合理的评价指标,如项目方案评价得分、项目进度符合度、项目质量符合度、项目设计与实际的差异度、项目施工自动化程度、项目成本控制水平、项目成本、环保水平、消防水平、项目施工周期和设备运行效率等指标数据。

(2)选取合理的权重分配方法,主要包括层次分析法、熵权法、因子分析法、主成分分析法和标准差法等。

(3)选取合理的综合评分方法,如层次分析法、TOPSIS法、主成分分析法、全概率评分法、人工神经网络和模糊综合评判法等。采用以上方法建立评价模型后,可计算出项目的综合评价得分,从而判断出项目的实施水平;也可结合项目各指标的分值,总结项目具体的实施经验;还可通过比较各指标权重分配,获知影响项目管理水平的关键指标,为将来的项目实施管理提供参考。

六、绩效评价

绩效评价是指由一系列与绩效评价相关的评价制度、评价指标体系、评价方法、评价标准以及评价机构等形成的有机整体,是提升行业设备管理水平,建立健全设备管理体系的有效方法。

　　绩效评价的主要应用方向的探索与实践如下。

　　基于数据的行业设备绩效评价模型可以深度挖掘设备数据指标(设备效能类、设备运行状态类、设备成本类、产品质量类、原料消耗类、辅料耗损类、能源消耗类、设备新度类和管理类等)的关联性;可以规范设备管理绩效评价的运行过程,使设备管理绩效指标数据客观、可比;可以实现设备管理绩效评价信息的有效传递与共享;可以引导卷烟工业企业开展自主比对,逐步实现设备管理精益化,推动设备管理整体水平的不断提升。其具体做法以 9 大类数据指标为输入,通过模型运算自动生成设备的综合评价得分;然后根据设备的综合评价得分进行行业不同机型间、同机型间设备横向、设备自身纵向,自动生成设备综合评价分析报告,为行业设备管理提供科学决策的模型。

第十章 设备管理信息化

烟草行业设备管理信息化总体结构是围绕一个目标、两条主线、三级应用来开展的。

按照《中国烟草总公司关于推进卷烟工业企业设备管理精益化工作的指导意见》（中烟办〔2014〕70号），设备管理精益化管理的目标是设备信息管理精细化、设备状态预测精确化、运行成本控制精实化、设备修理精准化、设备保养精心化和队伍建设精干化。设备管理信息化建设的目标是促进信息化与设备管理的深度融合，全面支撑烟草行业的设备精益化管理要求。

设备管理信息化以设备全寿命周期管理为主线，覆盖设备前期采购及安装管理、运行维护及维修管理、后期改造及报废管理等业务活动，有效支撑对设备全寿命周期的分析与评价；以决策、经营、操作3个层次流程化管理及管控对接为主线，建立统一共享的信息化平台，支撑设备管理的业务规范化及流程优化。

第一节 设备管理信息化的框架

烟草行业的设备管理实行总公司、直属公司、基层企业分级管理的模式。从信息化支撑业务管理的角度出发，提高信息系统对企业设备管理组织体系的支撑度，设备管理信息化将着力建设总公司、省级工业公司、卷烟工厂三级信息化应用管理体系，推进信息化与设备管理的深度融合。

烟草行业的设备管理信息化总体结构如图10.1所示。

1. 建设行业设备管理平台

通过行业设备管理平台的建设和应用，实现总公司、省级工业公司和卷烟工厂等设备信息互联互通，全面掌握各级企业设备的基本情况和使用现状，规范并加强设备的基础管理，提高企业设备管理的工作效率和水平，促进管理创新和知识经验的积累与交流。其建设目标为搭建行业平台、规范基础标准、采集关键数据、动态掌握情况、支撑绩效评价和协调决策管理。

卷烟工业企业要积极贯彻行业设备管理信息系统实施各项要求，认真做好基础数据的准备工作、运行平台的搭建工作、企业个性需求的整理工作和集成整合的调研工作，明确行业设备管理信息系统在各单位的实施目标。通过全行业的共同努力，将烟草行业的设备管理信息系统打造成支撑行业设备管理精益化的有效平台。

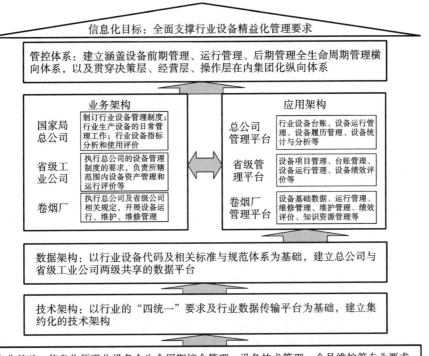

图 10.1 设备管理信息化总体结构

2.建设省级工业公司设备管理平台

省级工业公司应按照行业信息化建设的有关规范要求,结合公司信息化应用的现状,进一步推进省级工业公司设备管理信息化的建设和应用。借助省级工业公司设备管理平台的建设,持续加强设备采购管理、项目管理、固定资产及备件的管理;规范设备基础数据,采集设备动态履历数据,形成设备综合台账;支持省级工业公司数据中心的建设,开展设备运行各项指标的分析与评价;实现与国家局相关业务系统的有效集成整合,包括投资管理系统、代码系统和财务系统等。

3.完善卷烟工厂设备管理平台

卷烟工厂是设备使用的主体单位,必须建立主体意识,全面推行设备管理精益化的各项工作,并通过信息化手段加以固化与支撑,积极开展智能化工厂、信息化企业的建设。

完善卷烟工厂的设备管理平台,加强企业信息系统在现场管理、点巡检管理、润滑管理、故障管理、备件管理和计量管理等方面的规范化、标准化和制度化建设;加强企业在设备运行、保养维护和维修过程的规范化管理;结合设备专业化管理,促进设备的点检-预修维护体系的建立;完善备品备件的集约化管理;完善设备绩效评价,实现业务绩效指标及对标管理;实现与省级工业公司管理平台的信息联通、集成共享。

第二节　设备管理信息化系统的主要功能

设备管理信息化系统的主要功能包括项目管理、台账管理、运行管理、维修管理、备件管理、计量管理、知识管理及数据统计与分析功能等。

1.项目管理

设备项目管理应提供设备的购置、大中项修、改造和物料采购等项目全过程的管理功能。

2.台账管理

设备台账是掌握企业设备资产状况,反映企业的设备拥有量、设备分布及其变动情况的主要依据。设备台账管理是指应用信息系统记录和管理设备主数据及设备的验收、转固、投产、改造、移动、状态变更、专卖调拨、报废等流程和设备的价值信息。其主要功能包括设备的验收、转固、投产管理,并建立设备主数据;设备的改造、移动、专卖调拨、报废等的管理;设备的在用、停用、闲置、封存、报废等的状态管理;设备的原值调整、折旧等价值信息变动的管理;记录完整的设备资产属性信息;以及实现设备台账的统计、查询、分析等功能。

3.运行管理

设备的日常运行维护管理是实现设备预知维修的重要手段。其主要功能包括设备状态监测、设备保养、点巡检管理、润滑管理和交接班管理等内容。

(1)设备状态监测:系统采集设备运行信息,包括设备的开停机情况、设备在产牌号等;采集产品质量信息,包括异常的质量波动、不合格品率等;采集原辅材料消耗情况,包括烟叶消耗、烟丝消耗、包装辅料消耗和能源消耗等。建立设备运行数据库,监控设备状态,同时为KPI指标库提供数据源。

(2)设备保养:是实现对设备清洁保养的计划和执行等业务流程的管理,是按照保养标准生成定期计划、审批、执行反馈、验收评价的过程,其主要包括计划制订、计划提报、审批、下发执行、执行反馈记录等内容。

(3)点巡检管理:规范设备点巡检工作标准,实现设备周期性点巡检管理。其主要功能包括生成周期性点巡检工作计划;记录点巡检结果,生成点巡检履历;提供点巡检执行情况综合查询、统计及分析等。

(4)润滑管理:依据润滑"五定"原则等技术标准,对润滑进行管理,将设备润滑工作标准化。其主要功能包括依据润滑技术标准生成润滑任务、对润滑工作进行记录和完工确认等。

(5)交接班管理:搭建班次与班次之间、生产现场操作人员与设备管理人员、维修技术人员等员工之间的信息沟通与交流平台。其主要功能包括交接班日志的记录和确认、记录设备运行综合信息(设备运行和产品质量、维修保养及相关问题的解决等信息)。

4.维修管理

通过维修策略及轮修计划预排维修计划,同时根据具体的生产计划和设备实际状态包括日常检查发现的故障异常等修订维修计划。原则上,维修对象划分到机台,以便对单台设备运行指标进行统计。维修工单的内容应满足费用统计、成本核算和绩效指标的要求,主要包括维修的对象、计划单位、执行单位、维修作业标准、验收标准、工时和维修所需要的备件等信息。故障维修工单记录了故障发生的部位、现象、原因、解决过程、备件、时间等,支持后续的故障分析,后续的故障分析包括故障代码体系完善、故障维修经验积累、典型案例分享等。

5.备件管理

备件管理是设备运行维护、维修的主要保障。其主要功能包括备件的采购计划管理、采购订单管理、入库管理、库存管理及出库管理等内容。

6.计量管理

计量管理是指完善计量检测体系,加强计量器具全过程的动态监控的活动。其主要功能包括计量器具分类及台账管理,主要属性包括编码、名称、分类、ABC 类、位置、规格、型号、量程、精确度、检定类型、检定周期、状态等;检定计划的生成,实现对计量器具和检测装置的周期检定管理;检定信息的记录以及计量相关数据的统计与分析等内容。

7.知识管理

知识管理的目的是实现对设备知识的统一存储、管理、交流和共享。其主要功能如下。

(1)技术标准文档管理:主要包括对润滑标准、点巡检标准、保养标准、维修策略、维修作业标准和维修技术标准等进行分类管理。

(2)各种技术资料文档管理:主要包括对各类技术资料(图纸、技术文献)、操作规程、作业指导书和技术手册等进行分类管理。

(3)知识和经验的收集、整理和共享发布:包括各类故障案例、维修案例的撰写、审定、发布、更新、分享和培训等。

8.数据统计与分析

基于所采集的设备台账及设备运行等数据,结合企业设备管理的实际需求,对数据进行进一步的校验、加工、分析展现。其主要功能如下。

(1)KPI 指标库:主要是对设备运行过程、运行成本、产品质量、能耗、物耗等与设备管理相关的量化指标进行管理,包括对指标的数据采集、上报、审核、统计、分析、追溯、反馈发布等。对于 KPI 指标,要明确其计算方法、数据来源、统计口径、统计周期等。

(2)统计报表:根据企业管理要求提供各类多角度综合统计报表,并可实现 WORD、EXCEL 等多种形式的报表文件导出。

(3)对标分析:提供对标数据的横向对比、纵向对比、综合对比和指标评价等,分析企业各类设备指标和对标情况,多层次追踪对标指标的差异情况。

第十一章 S-RCM 智慧化探索与实践

烟草行业将智能制造和智慧工厂的建设作为企业高质量发展的途径和手段。人工智能技术则是下一步建设智慧工厂的核心技术和发展方向。其中,知识图谱作为人工智能的基础和关键技术,成为设备管理从智能化提升到智慧化的首要突破的技术难点与重点。

近些年来,卷烟企业工业在自动化方面得到了长足的发展,建立了底层数采、集控和状态监测等系统,管理层也建立了大量的应用系统。这些工业自动化系统和应用系统中存在大量的设备数据资源。但基于增量的数据价值挖掘难以真正地解决问题,大数据和机器学习的探索逐渐遇到瓶颈和天花板;缺乏领域知识的融合,难以挖掘出高价值的应用场景。同时,卷烟企业工业数十年宝贵的知识经验积累并没有得到重视,知识发掘、知识抽取和应用研究基本处于空白状态。员工头脑中的管理经验和维护维修经验如何通过知识工程?形成数字智慧,有效解决知识传承和高效共享。知识工程如何与机器学习进行深度融合?应用人工智能技术,形成数据驱动的智慧系统,赋能智能制造。这些是当前迫切需要解决的问题。

知识图谱是研究人工智能和实现智慧化的关键技术。知识图谱技术为烟草行业的设备故障预测与诊断、维修决策支持和知识管理等工作提供了新思路和解决方案,对烟草行业设备管理的智能化及智慧工厂建设有着重要意义。

为了启发和引导烟草行业开展以知识图谱技术为基础的人工智能等技术的研究与应用,以及为烟草行业内设备知识图谱的构建和应用找到科学的机制和方法,浙江中烟工业有限责任公司宁波卷烟厂牵头组织了行业"卷烟设备知识图谱技术应用"等相关课题研究。基于卷烟工厂设备全要素管理的智能化需求,为卷烟工厂提供科学的应用方法,宁波卷烟厂提供了多个具有推广价值的应用场景案例。

本章将阐述设备知识图谱的基本概念、需求规划、建模设计、知识采集、分析和应用的方法。

宁波卷烟厂设计和规划了主要生产设备故障全要素知识库和建设了卷包、制丝等主要生产设备的故障知识库。将生产、质量、工艺、设备状态各类感知数据与知识经验数据集成、互联互通,为设备故障的智能诊断、质量缺陷的智能诊断、AI 智能问答、智能化决策等智慧化应用提供了基础的知识库支持。

宁波卷烟厂开展了人工智能知识图谱关键技术的研发。其核心技术包括知识图谱抽取技术、对结构化数据和非结构文本的知识抽取,知识融合技术对故障图谱进行消歧和链接,知识推理技术、基于推理规则发现新的知识点、自动完成智能诊断与处理建议的输出。

宁波卷烟厂研发了语音识别和语义分析平台,探索建立了基于知识图谱的智能 KBAQ(基于知识库的问答系统)故障诊断专家系统。

同时,宁波卷烟厂还探索建立了主要生产设备基于图谱技术的动态的故障诊断模型,利用实时状态数据对故障知识图谱进行关联,形成了数据驱动的故障诊断图谱可视化分析平台。

第一节　知识图谱的基本概念

一、知识工程

知识工程是一门以知识为研究对象的新兴学科。它将具体智能系统研究中的那些共同的基本问题抽出来,将其作为知识工程的核心内容,使之成为指导具体研制各类智能系统的一般方法和基本工具。知识工程可以看成是人工智能在知识信息处理方面的发展,研究如何由计算机表示知识,进行问题的自动求解。知识工程的研究使人工智能的研究从理论转向了应用,从基于推理的模型转向了基于知识的模型,包含了整个知识信息处理的研究。

知识工程的整个过程包含知识产生、知识处理、知识表达、知识评审、知识组织、知识共享、知识应用和知识更新等 8 个阶段。知识工程的过程如图 11.1 所示。

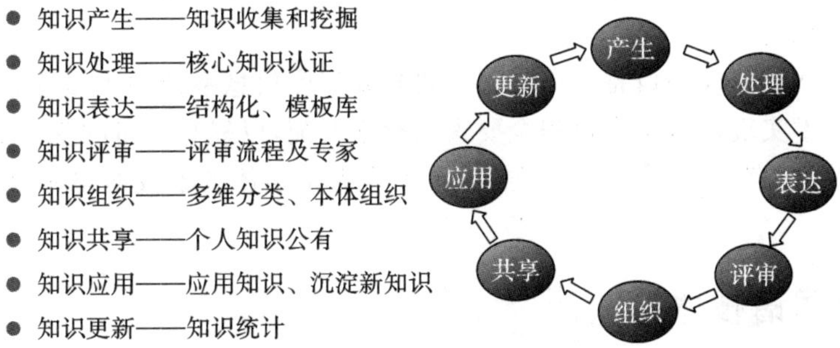

- 知识产生——知识收集和挖掘
- 知识处理——核心知识认证
- 知识表达——结构化、模板库
- 知识评审——评审流程及专家
- 知识组织——多维分类、本体组织
- 知识共享——个人知识公有
- 知识应用——应用知识、沉淀新知识
- 知识更新——知识统计

图 11.1　知识工程的过程

(1)知识产生阶段主要是知识的收集和挖掘。

(2)知识处理阶段主要对核心知识进行认证。

(3)知识表达阶段主要涉及知识结构化、模板库的建设。

(4)知识评审阶段主要涉及知识评审流程及知识专家。

(5)知识组织阶段主要涉及知识多维分类、知识本体组织。

(6)知识共享阶段主要涉及个人知识公有化。

(7)知识应用阶段主要涉及现有知识应用和沉淀新知识。

(8)知识更新阶段主要涉及知识的统计。

二、知识库

知识库(Knowledge Base)是用于知识管理的一种特殊的数据库,以便于有关领域知识的采集、整理以及提取。知识库中的知识源于领域专家,它是求解问题所需要领域知识的集合,包括基本事实、规则和其他有关信息。

知识库是一个易操作、易利用、全面有组织的知识集群,针对某些领域问题求解的需要,采用某种知识表示方式在计算机中存储、组织、管理和使用的互相联系的知识片集合。这些知识包括与该领域相关的理论知识、事实数据以及常识性知识,还包括专家经验得到的启发式知识。简而言之,知识库就是储存某一领域的知识的集群。

维修人员可以使用交互式技术手册(IETM)通过知识管理技术将"知识"从不同来源中提取,来源包括技术标准、技术资料、作业指导书、故障案例、备件寿命和设备档案等知识内容通过知识的挖掘、分析、存储共享,形成一套强大的智慧化辅助工具。

三、NLP 技术

自然语言处理(Natural Language Processing,NLP)主要研究如何用计算机来理解人类语言的各种理论和方法,是语言学、人工智能和计算机科学的重要分支。NLP 主要是在海量输入数据基础上,通过计算框架来构建表现语言能力(Linguistic Competence)和语言应用(Linguistic Performance)的模型,并不断提出优化方法,设计出各种实用的系统和系统评测技术。NLP 技术涉及语义分析、知识图谱、机器翻译、信息检索和过滤、语音识别和情感分析等内容。

课题使用 NLP 技术分析出设备生产要素间的关系,从而为某个特定问题找到来自知识库的最佳组合,匹配出对应的节点或者相邻节点、父子节点等构建答案,进行可视化展示,并进行相关问答的推送。

宁波卷烟厂依托建成的设备生产过程全要素知识库信息系统中大量存在的设备信息数据,采用 NLP 技术实现设备生产过程全要素的检索匹配,以提高设备的生产效率;通过 NLP 技术,初步建成了含有 5000 多个语义类实体、20 余万个实体基础数据类和 40 余万条关系的知识图谱。

四、知识图谱技术

知识图谱的概念由 Google 公司于 2012 年提出,特指用于提升搜索引擎性能的知识库。广义的知识图谱泛指各类知识库项目。卷烟工厂的智慧化管理基于知识图谱这项工具进行管理,可以高效地将各类设备信息、数据和链接关系聚合为知识,是大数据环境下知识的有效组织方法。

知识图谱主要分为自顶向下和自底向上 2 种构建方式。自顶向下指的是先为知识图谱定义好本体与数据模式,再将实体加入知识库。自底向上指的是从一些开放链接数据中提取出实体,选择其置信度较高的加入知识库,再构建顶层的本体模式。自顶向下的构建方式需要利用一些现有的结构化知识库作为其基础知识库,本章介绍的知识图谱构建采用自底向上的方式进行构建。

知识图谱的构建过程如图 11.2 所示,主要包括信息抽取和知识融合过程。知识抽取是指整合课题相关文档,包括设备的二维图纸、维修技术参数、库存情况和损耗程度等,从课题所属文档数据中提取各种信息,形成知识(结构化数据)并存入知识库中的过程。

基于该知识图谱构建的技术平台[18]如图 11.3 所示。其主要功能如下。

(1)查询和计算:基于图的遍历和查询语言支持。

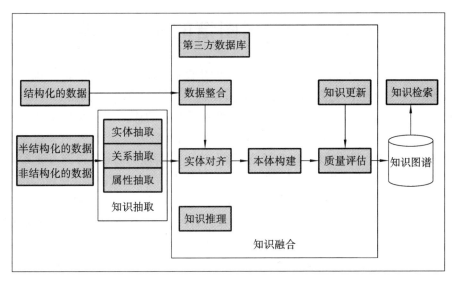

图11.2　知识图谱的构建过程

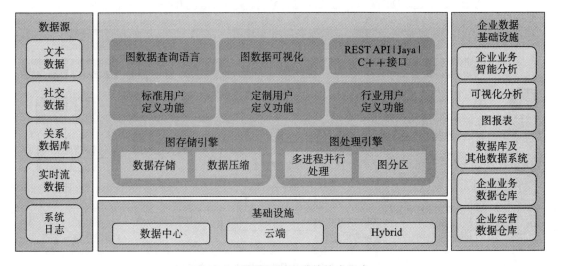

图11.3　基于知识图谱的技术平台

（2）操作和运维：系统实时监控，例如系统配置、安装、升级、运行时监控，包括可视化界面。计算结果可以通过标准的可视化界面展现出来，能将图数据库中的数据进一步导出至第三方数据分析平台做进一步的数据分析。

（3）数据加载：包括离线数据加载、在线数据加载和批量的数据加载。支持导入传统关系型数据库中的结构化数据，以及文本数据、社交数据、机器日志数据、实时流数据等。

（4）图数据库核心：主要包括图存储和图处理引擎2个核心。图处理引擎负责实时数据更新和执行图运算，图存储引擎负责将关系型数据及其他非结构化数据转换成图的存储格式。图数据库核心具有负责处理数据容错、ACID数据一致性以及服务不间断等功能。

围绕已有数据库构建卷接、包装主力机型的设备生产过程全要素知识图谱，为设备故障智能诊断、保养维修、质量缺陷智能诊断、AI智能问答和智能化决策等提供支持。

第二节　知识图谱的构建过程

设备知识图谱为企业智慧工厂和智能制造的建设进程奠定了"智慧"的基础。探索了人工智能技术在设备管理中的应用,开拓了思路,创新了思路、方法和工具。

目前,基于设备运行状态的监控系统已经得到了普遍的应用。但是设备运行状态数据冗杂,有些设备故障维修经验存在于各类故障诊断报表和故障案例库中,有些设备资料存在于维修室的文档柜中。这些数据相互孤立,没有建立有机联系,无法得到真正的利用。因此,通过知识图谱技术将这些数据进行整合筛选,并从中抽取出有用的信息来构建设备领域的知识库是非常必要的。构建好的设备知识图谱数据库可以为后续的知识分析挖掘和知识应用提供强大的知识数据图谱支撑。图谱的构建流程包括设备知识建模、知识抽取和融合、知识推理分析、知识存储和扩展等内容。

设备知识图谱的构建流程如图 11.4 所示。

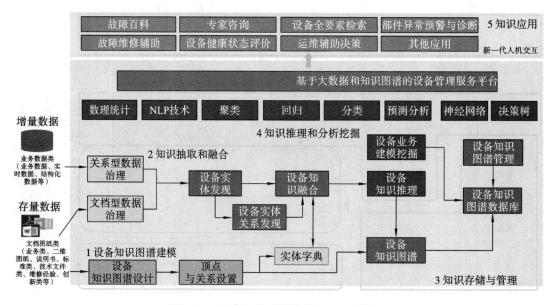

图 11.4　设备知识图谱的构建工作流程图

一、知识图谱的建模

对制造行业来说,构建知识图谱一般采用自顶向下的构建方式。这种方式是指先确定知识图谱的数据模型,包括实体(点)建模、属性建模、关系(边)建模,将数据中蕴含的知识组织形式以图的表达方式建立起来,再根据模型去填充具体数据,从现有的高质量数据源中进行映射,最终形成知识图谱。

知识图谱模型的建模步骤如下。

1. 明确设备业务领域

了解业务场景,限定设备知识图谱模型的知识范围,从而明确设备的业务领域。设备知识实体的内容及应用如表 11.1 所示。

表 11.1 知识实体内容及应用

知识实体内容	描 述	应用场景
设备主数据	设备分类、机型、设备	基础支撑
设备 BOM	机型、设备 BOM 结构、一机一 BOM； 资料来源：MES 系统、设备管理系统	
故障体系	故障分类、故障现象、故障影响、故障原因、处理措施、实施效果、备品备件、工具、预防措施、维修人员； 资料来源：维修记录、质检记录、故障记录、维修案例、精益创新库、维修手册、设备维修标准、操作手册	设备维修、故障百科、故障维修辅助
维修案例	维修案例、质量维修库、精益创新库、维修手册、设备维修标准、操作手册，可以包括设备相关操作或维修操作的音视频文件	设备维修、维修图书库
维修人员	部门、班组、岗位、个人简历、培训经历、奖项、擅长专长； 资料来源：人力资源信息	设备维修
故障停机告警	故障停机码、故障停机名称；来源：设备数采系统、集控系统、部件说明书、工具	故障在线监测
设备图纸	机型、设备 BOM 结构、图纸、部件、备件；资料来源：设备机台档案、机台 PDF 文件、设备纸质图纸	维修、换件
设备标准	设备标准版本、设备项目； 资料来源：设备维护作业标准	预检修、轮保
设备部件数据点	设备工艺码、设备工艺名称、部件、判异规则； 资料来源：设备数采系统、质检系统、集控系统	零备件异常预警
设备质量数据点	设备工艺码、设备工艺名称、质量指标状态参数指标（物理指标和外观缺陷）、判异规则； 资料来源：设备数采系统、质检系统、集控系统	质量维修
设备评价指标	评价指标码、评价指标名称、评价标准、计算方式； 资料来源：设备工厂绩效评价系统，对标标准	设备状态评价
决策问题项	问题项目、特征变量、来源类型、维保措施类、维保建议、维保人员、处理状态	设备管理辅助
失效模式分析 EFMEA	潜在失效模式和后果分析，包括功能单元、潜在失效模式、潜在失效影响、严重度、失效的潜在要因/机理、分类、控制措施、频度、控制探测、可探测度、RPN； 资料来源：潜在失效模式和后果分析	故障风险分析

2. 罗列实体类概念、属性以及关系

根据确定的业务领域，罗列出在知识图谱中可能出现的实体类概念、属性以及关系。知识图谱中的实体类概念和属性如图 11.5 所示，实体类关系示例如表 11.2 所示。

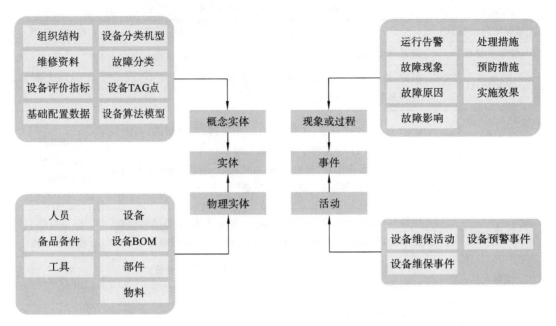

图 11.5　实体类概念和属性图

表 11.2　实体类关系示例

序　号	实 体 关 系	举　　例
1	属于	卷接机1♯,属于,ZJ116
2	就职	张×,就职,卷包车间
3	隶属	张×,隶属,卷包车间
4	组成	多个小部位,组成,大部位
5	包含	故障分类,包含,故障现象;设备机型,包含,设备 BOM
6	拥有	设备 BOM,拥有,设备图纸
7	常用	故障现象,常用,备件
8	推荐	处理措施,推荐,备件
9	使用	处理措施,使用,工具
10	并发	故障现象,并发,故障现象
11	伴随	故障现象,伴随,故障现象
12	出现	故障现象,出现,运行告警
13	影响部位	故障现象,影响部位,设备 BOM
14	影响物料	故障现象,影响物料,物料
15	相关	故障现象,相关,故障现象
16	间接原因	故障现象,间接原因,故障原因
17	直接原因	故障现象,直接原因,故障原因
18	采取	故障原因,采取,处理措施

续表

序　号	实 体 关 系	举　例
19	产生	故障现象,产生影响,故障影响
20	预防建议	故障现象,预防建议,预防措施
21	修复效果	处理措施,修复效果,实施效果

3.建立知识图谱的元数据模型

元数据的简单定义是描述数据的数据。设备知识图的谱元数据管理是设备知识图谱数据治理中最核心和基础的工作。对设备域进行管理的元数据主要为业务元数据、技术元数据。业务元数据主要包括业务术语、业务指标、业务规则和取值范围等,业务术语通常会被拆分和建模成更细的业务词典,即元模型。技术元数据主要包括数据字典、表结构、字段属性和服务接口等。对于设备知识图谱的元数据进行管理就是对业务主题、顶点、标签、属性、关系及各元数据知识实体的关系的管理。

4.确定设备知识实体类模型

当罗列出了所有的实体类概念、属性以及关系之后,需要对实体类概念进行层次结构的分类。从最抽象的实体类概念开始,逐层扩展添加到各层实体类概念,从而确定设备知识实体类模型。

5.定义属性及关系

定义好了实体类概念之间的层次关系之后,就需要定义实体类概念的属性以及实体类概念之间的关系。做到这一步,设备知识图谱模型就基本构建完成了。

6.定义约束

实体类概念的属性会有一些约束条件,需要定义好。例如,人的性别只能是"男"或者"女",年龄应该是0~200之间的数值等。

二、知识的抽取和融合

知识抽取是指从不同来源、不同结构的数据中进行信息提取,形成知识存入知识图谱中。知识抽取的过程可以分为以下3步。

(1)实体抽取:实体抽取也叫命名实体识别(Named Entity Recognition,NER),是从文本数据集中自动识别命名实体。面向专业设备领域信息抽取构建的知识图谱成为设备知识图谱,主要识别文本或数据中的设备各类实体名称等信息。实体抽取的方式:基于人工建立科学完整的设备知识的命名实体分类体系;从文本中基于条件随机场模型进行实体边界识别,最后采用自适应感知机实现对实体的自动分类。

(2)关系抽取:文本数据经过实体抽取得到一系列离散的命名实体,但为了进一步得到语义信息,还要从文本信息中提取实体之间的关系,通过关系连接实体,形成网状的知识结构。

(3)属性抽取:属性抽取是从文本源中抽取实体的属性信息,比如设备的属性包含名称、代码、平台号、规格型号等。属性抽取的方式:将实体属性作为实体与属性值的词性关系,将属性抽取任务转化为关系抽取任务;采用数据挖掘的方法,直接从文本中挖掘实体属性和属性值的关系模型,据此实现对属性名和属性值在文中的定位。

按照结构化程度不同,知识抽取处理的对象可以分为结构化和非结构化信息。

结构化文档具有良好的布局结构,可以很容易地对其执行知识抽取。结构化文档主要存储在业务数据库,可以通过 ETL 数据抽取工具从结构化的关系型数据库表中提取业务实体和关系内容到知识图谱数据库中。

结构化文档通过 ETL 工具技术实现知识的抽取,通过将 MES 系统、ERP 系统及其他系统的数据表记录;利用给定的业务抽取规则,通过数据抽取、数据转换、作业执行等方式,获取相关的设备知识数据;再通过编写业务逻辑规则,将形成的设备实体、属性及实体关系写入设备知识图谱中。知识的 ETL 抽取示例如图 11.6 所示。

图 11.6　知识的 ETL 抽取示例图

非结构化文档是指由符合某种语言表达规范的自然语言语句组成的文档。这类文档表达方式灵活,可以用不同的形式和词汇表达相同的意思。因此对这类文档进行知识抽取是非常困难的,往往要借助自然语言处理(Natural Language Processing,NLP)技术对其进行语法和语义分析,包括但不仅限于分词、词性标注、分布式语义表达、主题分析、同义词构建、语义解析、依存句法、语义角色标注和语义相似度计算等。

非结构化文档通过 NLP 技术实现知识的抽取,其抽取步骤如下。

(1)数据采集:从多个系统中定时抽取各类文档数据,如设备操作规程、维修手册和维修案例库等。

(2)数据抽取:从文本数据中抽取出设备知识图谱模型业务需求的实体和关系数据。其内置多种抽取规则、支持多种扩展抽取规则与联想抽取规则。

(3)数据清洗:对文本中抽取出的实体进行重新审查、实体消歧、删除重复信息和纠正存在的错误,实现知识融合,并提供数据的一致性,对不完整的关系数据通过多种方式进行补整。

(4)数据分类:支持对文本按抽取的多个数据维度自动划清各个实体数据类别,按图谱模型的要求进行分类处理。知识的 NLP 抽取示例如图 11.7 所示。

以设备故障的知识抽取为例,则设备故障的知识抽取设置界面如图 11.8 所示,设备故障的知识抽取 PDF 文件界面如图 11.9 所示。

知识融合指的是将多个数据源抽取的知识进行融合后集成到知识图谱中。在进行知识融合时,需要解决多种类型的数据冲突问题,包括一个短语对应多个实体、实体属性名不一致、实体属性缺失、实体属性值不一致、实体属性值一对多映射等情况。知识融合阶段主要对数据进行本体对齐和实体匹配。本体对齐更强调概念层的融合,主要工作有概念的合并、概念上下位关系合并和概念的属性定义合并。实体匹配更强调数据层的融合,主要工作有

图 11.7 知识的 NLP 抽取示例图

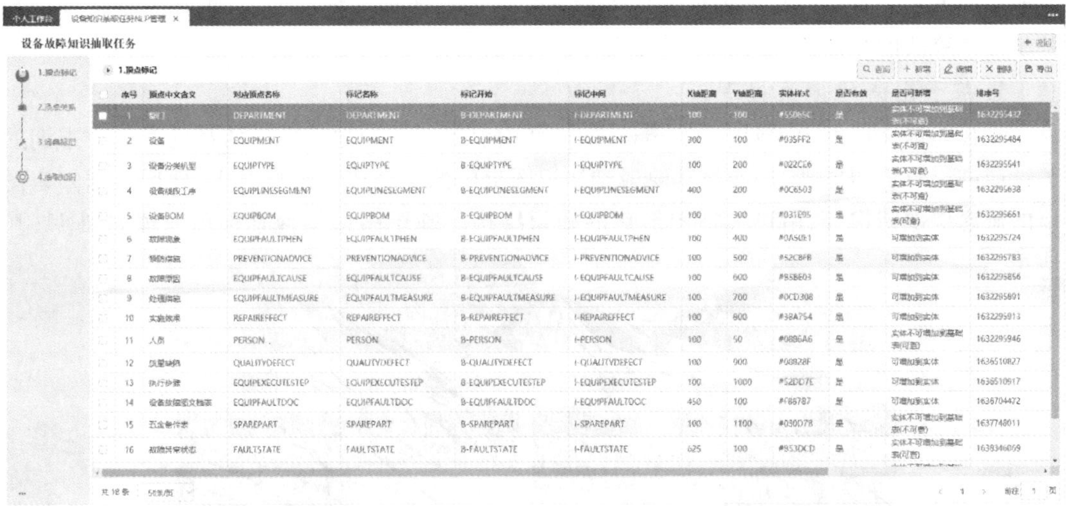

图 11.8 设备故障的知识抽取设置界面

图 11.9 设备故障的知识抽取 PDF 文件界面

实体链接、数据融合和冲突检测与解决。实体匹配是发现具有不同标识却代表真实世界中同一对象的那些实体,并将这些实体归并为一个具有全局唯一标识的实体对象,从而实现将结构化的历史数据融入设备知识图谱中,通过与设备相关的数据被图谱节点链接动态调用,形成基于数据驱动的设备知识图谱管理。

三、知识推理分析

在完成知识的抽取和融合之后,可以从原始杂乱的数据中获得到一系列基本的事实表达。但在知识图谱构建过程中,还会存在很多关系补全问题。知识图谱的补全是通过现有知识图谱来推理预测实体之间的关系,是对关系抽取的重要补充。

知识推理分析一般运用于知识发现、冲突与异常检测,是知识精细化工作和决策分析的主要实现方式。常见的知识推理方式主要有基于图谱的搜索推理、基于规则的逻辑推理和基于模型算法的推理等。

1.基于图谱的搜索推理

在智能语义搜索中,当用户发起查询时,搜索引擎会借助知识图谱的帮助对用户查询的关键词进行解析和推理,进而将其映射到知识图谱中的一个或一组概念上,然后根据知识图谱的概念层次结构,向用户反馈图形化的知识结构。基于图谱的搜索推理原理如图11.10所示。

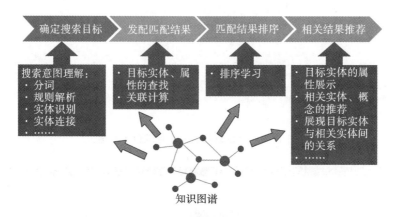

图 11.10　基于图谱的搜索推理图

2.基于规则的逻辑推理

对于基于规则的逻辑推理,可以预先定义好准确的推理规则,然后基于这些规则和推普中的知识推导出新的结论和知识。基于规则的逻辑推理原理如图11.11所示。

3.基于模型算法的推理

基于模型算法的推理可以分为很多种,包括基于路径的建模、分布式表示学习、基于神经网络和混合推理等。基于模型算法的推理并不是严格地按照规则进行推理的,而是根据以往的经验和分析,结合专家的先验知识构建概率模型,并利用统计计数、最大化后验概率等统计学的手段对推理假设进行验证或者推测。推理算法获得的结果具有不确定性,不一定可以获得完全正确的关系,只是一种预测可能性。比如,通过观察到知识图谱中包含这样的一条路径"张三—同事—李四—部门—卷接包车间—所在地—宁波",推测出张三可能在宁波上班。

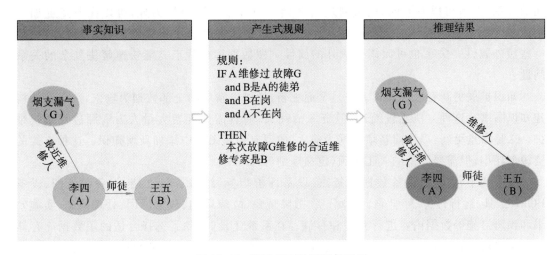

图 11.11　基于规则的逻辑推理图

　　该推理在知识图谱的基础上,进一步通过知识推理,分析挖掘实体间的隐含的实体关系,建立完整的知识图谱。知识推理分析一般运用于知识发现、冲突与异常检测,是知识精细化工作和决策分析的主要实现方式。

　　基于模型算法的推理的主要功能描述如表 11.3 所示。

表 11.3　基于模型算法的推理的主要功能描述

功 能 名 称	描　　　述
语义搜索	基于设备故障知识图谱,对用户输入进行理解,识别设备故障的实体、概念和属性,并反馈设备实体、关系、链接的数据等丰富的结果
信息检索	利用中文分词、命名实体识别等自然语言处理工具找到问句中所涉及的实体和关键词,然后在知识库中查找检索
知识关系补充维护	利用知识推理,寻找没有直接关系的各个实体的隐含关系,维护各个实体的关系。如果内容不完整或关系不明确,需要提供设备知识图谱的知识的实体内容或实体与实体间的关系的内容分类标注,需要人工为知识的正确与否提供修正和完善知识内容或属性等
任务推荐	根据设备知识图谱,利用实体与实体之间的关系,将用户需要处理的相关内容根据一定的逻辑推荐给用户

四、知识的存储和扩展

　　对于新产生的知识,用户能够对知识图谱进行维护,对知识图谱内的所有实体及其关系进行增加、修改、删除等操作。

　　图数据库基于有向图,其理论基础是图论。图数据库的数据存储形式主要是通过节点和边来组织数据。节点可以代表知识图谱中的实体、事件等对象,边可以用来代表实体间的关系,关系可以有方向,两端对应着开始节点和结束节点。另外,可以在节点上加一个或多个标签表示实体的分类,以及一个键值对集合来表示该实体除了关系属性之外的一些额外属性。关系也可以附带额外的属性。图数据库的优点是能快速解决复杂的关系问题。

知识扩展更新有 2 种方式。一是全面更新:指以更新后的全部数据为输入,从零开始构建知识图谱。这种方法比较简单,但资源消耗大,而且需要耗费大量人力资源进行系统维护。二是增量更新:以当前新增数据为输入,向现有知识图谱中添加新增知识。这种方式的资源消耗小,但需要大量的人工干预(定义规则等)。

在系统中,需要对设备数据采集点、设备评价指标、维修资料文档、设备图纸图、设备BOM、工具、运行告警、停机码、故障分类、故障现象、故障影响、故障原因、处理措施、实施效果和预防措施等数据内容进行管理和存储。在系统建设时,除了选择合适的图数据库存储工具来实现设备知识的分类存储外,还需要根据设备知识图谱保存的数据要求不同,借助其他数据库的存储性能优势,进行其他数据的存储。本章将介绍如下几种可进行设备知识存储管理的数据存储方式。

(1)图数据库存储:利用图数据库服务来存储设备知识图谱中的资源描述框架(RDF)结构的网络化数据,包括实体、关系、属性等。基于图的存储在设计上会非常灵活,一般只需要进行局部的改动即可。

(2)文档数据库存储:利用文档数据库来存储设备文档、图片和图纸等非结构化数据,通过知识合并链接与图谱中的实体关联。

(3)时序数据库存储:利用时序数据库服务来存储设备生产过程全要素的数据信息,基于生产型的时序数据,一般是作为事件来补充知识图谱的,通过知识合并链接与图谱中实体关联。

知识存储和扩展的主要功能描述如表 11.4 所示。

表 11.4   知识存储和扩展的主要功能描述

功能名称	描述
数据整理与规范化	对设备知识图谱的数据模型和数据字典的整理和规范化,包括设备数据字典(设备 BOM 字典、备件、故障字典、告警、状态、参数、指标、人员、岗位等)、技术标准(维修技术标准、维修作业标准、技术手册、图纸、档案、维修履历、维修常用语等)、物料和质量工艺(物料、工器具、计量、牌号、工艺质量、生产数据、原辅料消耗等主数据)等
知识实体文档关联关系管理	基于设备知识图谱,处理知识实体当前对应的知识实体文档,包括维修案例、技术标准、技术手册等内容
知识关系扩展管理	利用知识推理,寻找没有直接关系的各个实体的隐含关系,维护各个实体的关系,如果内容不完整或关系不明确,需要提供设备知识图谱的知识的实体内容或实体与实体间的关系的内容分类标注,需要人工为知识的正确与否提供修正和完善知识内容或属性等

设备知识图谱管理的业务流程如图 11.12 所示。

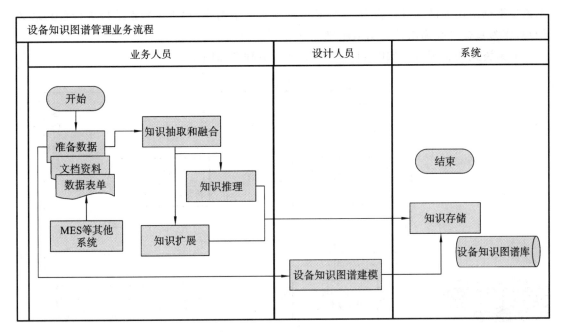

图 11.12　设备知识图谱管理的业务流程图

第三节　知识图谱的应用

一、专家咨询

在设备的日常运维过程中,维修人员会面对种类繁多的设备管理相关问题,其中不乏涉及设备故障、设备原理、操作要求等问题,这需要相关人员花费大量的精力查找详细的资料来解决。专家咨询作为一种有针对性的信息检索形式,可以针对上述的情况就设备管理领域的知识而进行一问一答,以问答的形式向用户解答关于设备故障、设备原理、设备操作、产品标准等问题。

专家咨询系统通过从结构化知识库和非结构化文本获取信息,使用信息抽取的方法提取关键信息,再将这些提取信息构建的知识图谱库作为后台支撑。在使用过程中,专家咨询系统会把用户输入的问题转换为有结构的语义表达式,再结合知识推理等方法为用户提供更深层次语义理解的答案,并直接反馈给用户。在使用中,如果系统遇到不知道的问题,可以通过系统的智能化兜底策略及时转换其他服务(如推荐维修技术专家来转人工回答)或提供用户相关联问题的回答。

专家咨询作为基于提高设备管理工作效率的智能化模块,为维修人员赋能。为用户提供一个便捷的设备管理查询系统,提高用户的查询使用意愿。其最大的隐性价值是通过积累实际场景中得到的数据标准化,在后续挖掘设备管理价值信息中起到降本增效的作用。

基于设备知识图谱库,页面上会接收到用户输入的自然语言问句。对于不同类型的问题,系统将问题匹配给不同的查询语句,采用字典匹配法或词频统计法进行分词操作对所述自然语言问句进行分词操作;提取到所述自然语言问句中的一个或多个关键词,从设备知识图谱中根据所述关键词进行检索,生成相应的检索结果内容;对所述检索结果进行自然语义处理,作为目标答案输出并显示给用户。

专家咨询的实现思路如图 11.13 所示,业务流程图如图 11.14 所示。

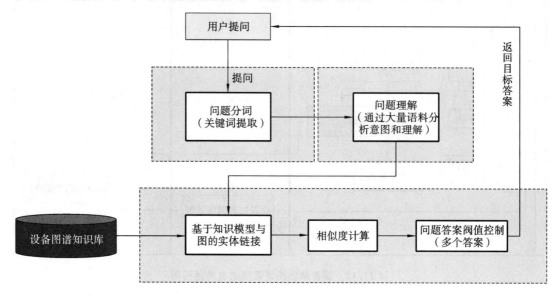

图 11.13　专家咨询的实现思路

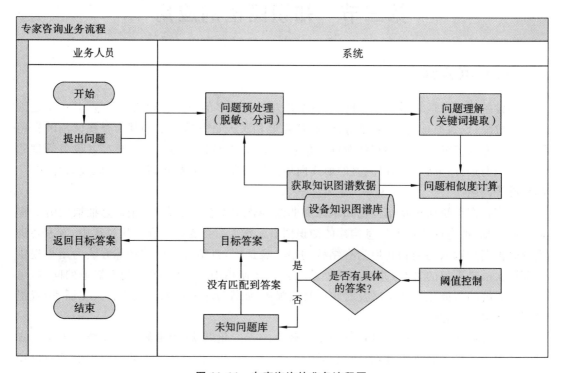

图 11.14　专家咨询的业务流程图

专家咨询系统的功能设计过程如下。

(1)接收用户输入:系统通过各种渠道获取用户提出的问题,通过文字或语音即时将用户问题的内容保存到计算机中,等待下一步的处理。

（2）语义理解与关键信息提取：将前面记录得到的问题内容（一般是非结构化的自然语言），通过自认语言处理方法，通过脱敏词处理，进行语义理解，并提取出问题中的关键信息。

（3）检索相关数据库：通过前面提取到的关键信息，利用问题类分类模板库，检索设备知识图谱的数据库，获得答案集合。

（4）优选答案并回答用户：筛选前面得到的答案集合，利用阈值控制和相似度分析等算法优选出问题的最佳答案，最后将答案返回给用户。系统以非常直观的可视化界面展示知识数据信息，完成交互工作。如果没有找到目标答案，则将用户提交的问题放入未知问题库。

在问答系统中有一条重要的准则，即问题所在的知识领域和答案所在的知识领域通常具有相当高的相似性。在专家咨询中也是如此，可以计算每个候选答案文本的领域信息与问题文本本身的领域信息的余弦相似度，并也以此作为答案最优检索的一个重要参数依据。

（5）问题知识更新：在系统与用户每次交互的过程中，如果产生了未知的问题，系统会提示给后台管理人员进行汇总归纳和更新问题类模板库，以达到不断自我更新的状态。系统也可以通过用户对系统的打分评价机制，来判定系统的应答是否是答案的最优检索、是否符合用户的期望要求，以此来激励一次优秀的交互任务。同时，每次交互所涉及的知识数据也会在设备知识图谱库中标记有相应的优选的应答答案项，这也是对设备知识图谱库的一种自我更新策略。

专家咨询系统的界面如图 11.15 所示。

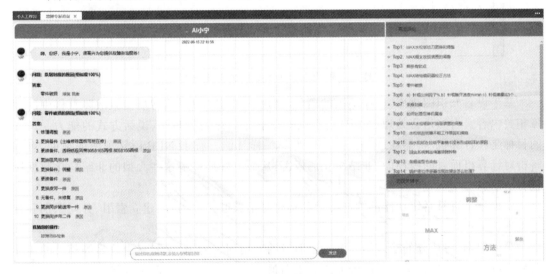

图 11.15　专家咨询系统的界面

二、故障百科

设备运行过程中，故障出现的频率和解决效率会极大地影响设备的运行效率和车间的产量。相关人员的设备故障处理水平影响着工厂的生产效率，而为维修人员提供针对设备故障的处理、反馈咨询系统能有效地提高设备运维能力。

故障百科作为一个区别于专家咨询的模块，致力于为专业维修人员提供更加精准的设备健康指南。该系统整合维修人员沉淀积累多年的维修经验和设备资源，搭建起设备故障搜索查询的交互平台。故障百科系统实现了设备故障知识的智能搜索，成为一本可以被维修人员随身携带的在线设备故障维修大全。作为故障指南，它不仅可以根据用户的查询需求提供故障具体的发生部位、产生原因和造成影响,还能提供适合的处理措施和预防措施等。

故障百科系统的业务流程如图 11.16 所示。

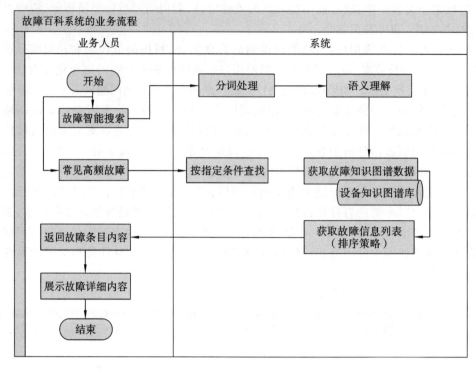

图 11.16　故障百科系统的业务流程图

基于设备知识图谱库,根据输入的语句,利用 NLP 语义理解,智能搜索故障百科中的故障相关内容。自然语言处理(NLP)是指机器理解并解释人类写作、说话方式的能力。NLP 的目标是让计算机/机器在理解语言上像人类一样智能。有了 NLP 语义理解的帮助,可以解析对计算机而言的模糊的、非结构化的语言,从而更好地理解这些大型的非结构化数据所包含的信息。

实现故障百科系统功能的智能搜索的构建包括获取文本内容、建立索引、分词识别和智能检索。

分词识别:将待分的输入语句与一个海量的专用词库的用户词典(由故障等相关的实体名称组成)进行匹配。常用的匹配方式有正向最大匹配、逆向最大匹配和最少切分法。在实际应用中,将分词作为初分手段,利用语言信息提高初分准确率。优先识别具有明显特征的词,以这些词为断点,将原字符串分为更小的字符串后再匹配,以减少匹配的错误率,或将分词与词类标注进行结合。

智能检索:基于设备故障知识图谱库和已有的语义分词结果,从故障现象相关实体名称中查找相似度较高的故障现象。

智能检索的检索步骤如下。

(1)利用先进的分词工具库和专用的用户词典进行分词处理。

(2)构建停用词表。

(3)对文本分词、去停用词。

(4)对所有文本进行预处理,构建字典。

（5）建立词袋模型，计算词的权重。

（6）建立 TF-IDF 模型，对词的权重归一化。

（7）用相似矩阵计算相似度。

（8）对相似度结果排序，输出前 top N。

故障百科的检索界面如图 11.17 所示。

图 11.17　故障百科检索界面

故障百科的检索结果如图 11.18 所示。

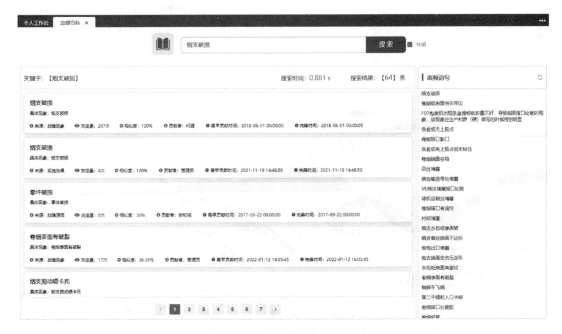

图 11.18　故障百科的检索结果

故障百科的故障详情介绍如图11.19所示。

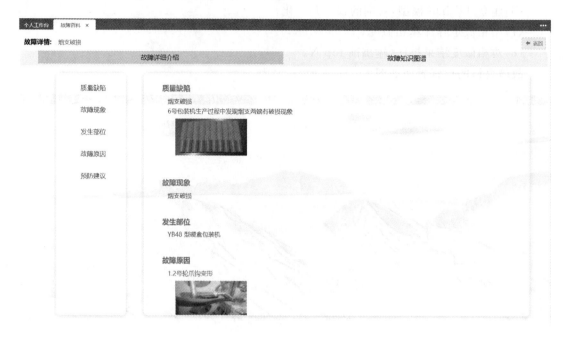

图11.19　故障百科的故障详细介绍

故障百科的故障知识图谱如图11.20所示。

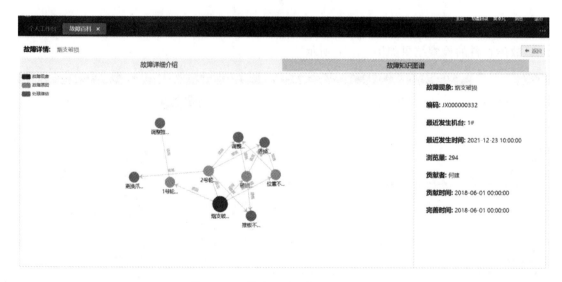

图11.20　故障百科的故障知识图谱

三、二维图纸热点链接

二维图纸热点链接是指将设备的BOM结构以二维图纸文档形式进行可视化呈现,并且以热点链接的方式在电子图纸中添加更详细的设备信息。二维图纸热点链接优化了生产设备的图纸和零部件资料的管理,实现设备分类及机型下的各层级部位的树形结构信息管理。根据机型,该管理系统按不同部位的BOM的层次节点的结构要求,将其分成子设备、系统、机构、装置、部套和元件等层次内容,建立与设备部位相对应的图纸配置信息,建立各级BOM部位对应的备件信息相关联信息。在二维图纸中添加热点链接有利于维修人员对于特殊部位的结构了解和专业名词查询,节省了往常通过翻阅大量材料查询的时间。此外,热点链接的方式也可以直接在故障维修时点击进行备件的申领。

物料清单(BOM)常用来反映与产品结构相关的信息。目前,工厂设备的图纸资料管理面临着如下问题。

(1)存储散乱缺乏管理:工厂的设备图纸不仅文件数量巨大,而且保存形式不一、位置不一,缺乏统一的管理,存在损坏丢失的风险。

(2)有效利用难度大:工厂车间的维修人员在维修设备遇到问题需要查找图纸时,需要到档案室或维修室找相应机型的图纸资料,根据图纸资料信息确认更换设备部件,设备图纸资料的查阅不方便,效率很低,耽误了设备的维修时间。

二维图纸热点链接系统以设备BOM为主线组织设备的知识点,通过从整机到零件级的二维图纸模型的展示,清晰地展示控制原理、工作器件和维修资料等信息,彻底解决车间设备纸质图纸和文档资料管理混乱的现状。这些带热点链接的可视化图纸系统把车间的各类机型设备图纸整理得井井有条,帮助车间搭建起包含车间各类机型的图纸管理体系。同时也方便维修人员在现场进行设备维修时,通过现场终端实现在线快速查看设备图纸资料以及精准查找备件信息,为设备维修人员提供快速培训和辅助维修的学习平台。该系统不仅指导了日常维修作业和快捷维修,同时也提高现场设备维修效率。

该系统提供了二维图纸实时在线导航查阅功能,为维修人员快捷查找备件资料提供了有效支持。

二维图纸热点链接管理的内容包括设备图纸文档的集中管理、设备图纸与设备BOM的关联管理、设备图纸的热点管理、设备图纸与零部件管理和图纸与备件仓的备件信息集成。二维图纸热点链接实现了二维图纸的热点信息关联和以热点方式导航查找图纸和零部件,为图纸与零部件及备件的关联关系起到了有力的支持作用。图纸热点链接就是针对图纸指定的一个或多个区域以实现点击跳转到指定的子图纸或者查看当前热点的零部件信息。

设备机型的二维图纸热点链接方案如下。

1.为图纸添加部件信息

准备一张需要给不同区域添加热点的图纸,图纸信息可以是由设备制造厂商提供的电子版的图纸文档,也可以是纸质的图纸。如果提供的是纸质的图纸,则需要通过扫描处理后整理成电子档。该电子文档包括图纸和图形对应的部件信息内容,以便进入系统进行图纸及热点数字化处理。要注意的是,为了保证上传到服务器的图纸放大不失真,所有的电子档图纸在上传到服务器前都必须是处理成为SVG矢量图形格式的电子文件。

本章以YF711为例,其主传动箱体变换件图纸示例如图11.21所示。

2.上传电子图纸文档

在系统的设备机型图纸设置功能中,选择当前需要图纸所对应的设备机型的设备BOM

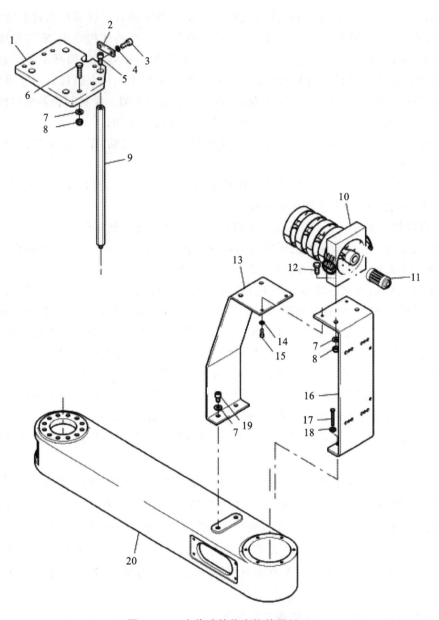

图 11.21 主传动箱体变换件图纸

节点,在当前节点下增加该图纸信息,将图纸上传到服务器中。主传动箱体变换件图纸的部件信息示例如表 11.5 所示。

3. 在图纸中设置热点信息

(1)利用成熟的 OCR 技术自动识别上传的图纸中的文本,支持图纸中的文字的识别,包括中英文、字母、数字的识别,自动获取可能的热点区域信息。主传动箱体变换件图纸热点信息的设置示例如图 11.22 所示。

(2)在图纸中修改或增加图纸的热点信息,填写热点区域的属性信息。主传动箱体变换件图纸热点信息的修改和增加示例如图 11.23 所示。

表 11.5　主传动箱体变换件图纸的部件信息

部件代码：	23EFU121AA00			部件索引号：		I—05	
部件名称：	主传动箱体变换件变换件			FOCKE部件代码：		531.13.005/008	
备件手册清单号：	23EFU121AA00_02			FOCKE备件手册图号：		531.13.005.008.02	

序号		子项代码	名称	描述	数量	外来代码	外来图号
1	F	32A033167214	内六角圆柱头螺钉	GB/T 70.1 M8×20-8.8-Zn·D	4	757336	
2	F	32A050763080	平垫圈A级	GB/T 97.28—200HV—Zn·D	1	752790	
3	F	32A247540024	六角锁紧薄螺母	DIN 985 M8—8—Zn·D	4	754168	
4	F	13EFU1210100	支架		1	8319931	531.05.0310 B
5	F	32A033167184	内六角圆柱头螺钉	GB/T70.1 M6×16-8.8—Zn·D	2	757179	
6	F	32A050763060	平1垫圈A级	GB/T97.26—200HV—Zn·D	2	4970760	
7	F	3EFU12100300	角板		1	8319956	531.05.0312 B
8	F	32A033167155	内六角圆柱头螺钉	GB/T 70.1 M5×16—8.8—Zn·D	4	795013	
9	F	32A050763050	平垫圈A级	GB/T97.25—200HV—Zn·D	4	4980033	

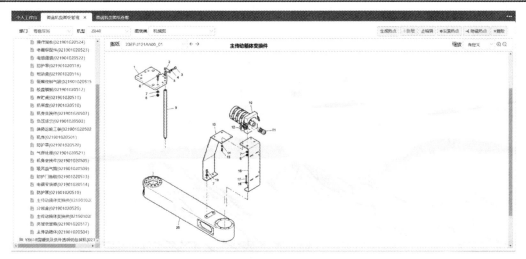

图 11.22　主传动箱体变换件图纸热点信息的设置

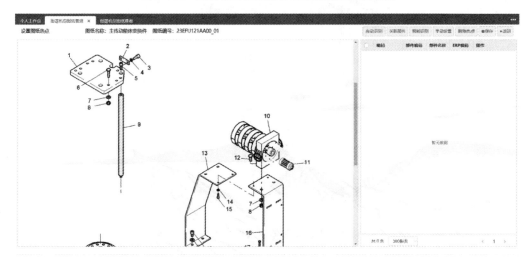

图 11.23　主传动箱体变换件图纸热点信息的修改和增加

（3）在图纸中增加部件的热点信息,填写热点区域的属性信息。在填写部件属性时,还需要建立部件与当前备件仓的备件的关联信息。以便根据图纸查看相对应的备件的基本信息和备件当时的库存信息,作为备件领用和备件采购申请的参考。

单击鼠标左键,在图纸上以圆角矩形方式画部件热点区域。

（4）修改和完善热点。

4.机型设备图纸浏览

在设置好图纸的相关热点信息之后,可以在机型设备图纸的查看功能中进行搜索查看。既可以对图纸放大缩小查看,也能移动到合适位置查看,还可以显示或隐藏热点区域。此外,操作人员还能通过点击热点区域,查看热点对应的部件或子图纸的信息。主传动箱体变换件的图纸浏览界面如图 11.24 所示。

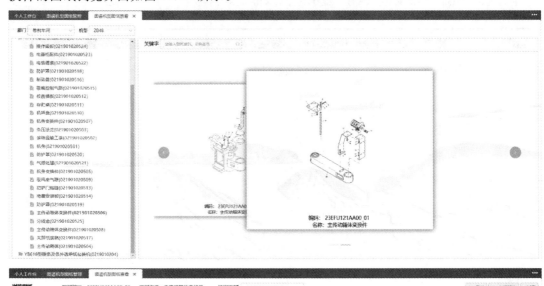

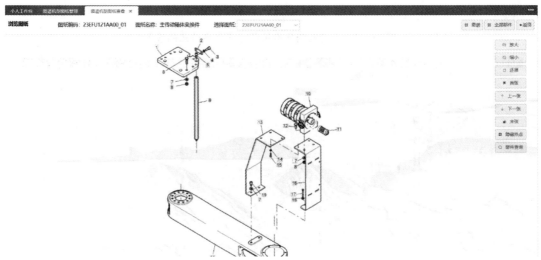

图 11.24　主传动箱体变换件的图纸浏览界面

5.基于热点的图纸搜索

基于热点的图纸搜索是通过输入热点名称查看当前热点名称所对应的一个或多个图纸

信息等操作。例如,在设备图纸浏览界面中,在关键字处输入"变换件"部件信息,可以模糊查询出存在热点"变换件"的图纸,其查看界面如图11.25所示。

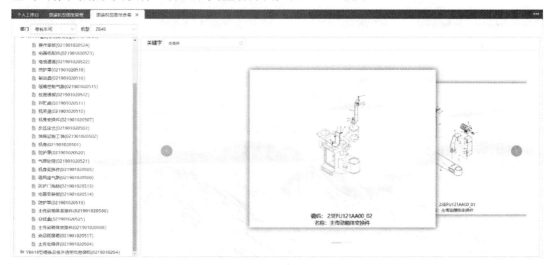

图11.25 热点"变换件"的查询界面

二维图纸热点链接管理利用设备二维图纸和热点关联技术,对工厂设备图纸进行在线化的有序管理,极大提高工厂图纸利用率和管理工作效率。设备BOM树状结构可视化展示各个层次的设备图纸,图纸热点可视化展示部件和零件关系。基于二维图纸热点链接功能,用户可以通过自定义搜索条件,让图纸的使用更加方便,提高了维修人员的工作效率。

四、部件异常的预警与诊断

随着生产设备的复杂程度和智能化的不断提高,生产设备的产能也越来越高。设备维护和故障预警成为保证生产设备机组正常运行,降低企业运营成本的关键。生产设备机组复杂而紧密联系的机电结构导致生产设备机组部件之间存在连锁反应和相互影响,增加了生产设备机组部件异常故障预警的难度。目前,生产设备机组部件的故障预警方法精度较低,导致维修人员经常来不及做出设备轮保计划。

在设备生产过程中,机台部件出现磨损或异常等情况会导致产品质量缺陷率上升,这可以从相应的工艺指标数据体现出来。如果能够基于这些生产设备的实时采集数据,研究重点部件异常预警模型,提高易磨损部件异常预警的灵敏度,那么就可以在一定程度上弥补部件故障预警不及时的问题。

系统利用数据建模分析零件状态,通过分析设备模块维修换件记录、分析实时库中历史数据与专家咨询等方式,进行数据标签点和部件相关性分析的挖掘;在知识图谱中建立55种易磨损部件与该部件高相关性的数采点之间的关系,形成这些部件的特征向量,并以特征向量的实时数据作为输入,创建易磨损部件异常预测模型,输出易磨损部件异常状态概率分布;通过训练调整易磨损部件异常预测模型,提高模型预测准确度。由此,系统实现了在易磨损部件出现异常状态时,利用数据分析算法,推理出其是否发生异常的概率,快速匹配到知识图谱中的异常原因和处理措施等信息,并将这些信息推送给业务人员。基于模型算法的重点部件异常预警的实现思路如图 11.26 所示。

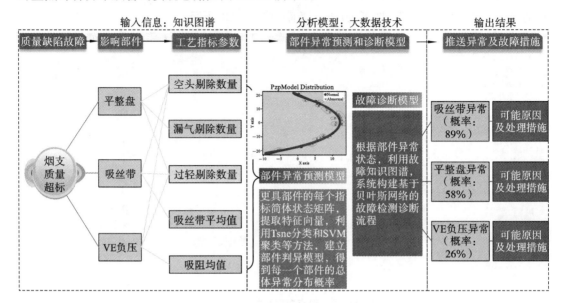

图 11.26　基于模型算法的易磨损部件异常预警实现思路

在设备生产过程中,虽然零部件的磨损和异常情况可以反映在产品质量缺陷上,并可以找到相应的工艺指标数据,但是要明确到具体的易磨损部件和相应工艺参数指标仍然不太容易。这需要通过大量的数据分析工艺参数特征关联和参数态势变化的实证,才能确定其相关性。此外,对零部件相应工艺参数指标的正常和异常的判别,需要对工艺参数指标数据进行聚类。根据聚类结果将每个簇定义一个类,再基于这些类训练部件异常分类模型,用于判别设备的零部件在日常生产运行中的异常状态,并及时向业务人员推送易磨损部件异常预警信息。并且在设备故障知识图谱的基础上,推荐零部件异常的处理措施,帮助业务人员快速处理零部件的异常问题,减少产品质量缺陷,提高产品的质量。为此开展了以下几方面的工作。

1. 明确易磨损部件和工艺参数指标的相关性

通过分析生产过程中的历史数据,找出影响产品缺陷(烟支空头)的主要工艺参数有哪些、各工艺参数的态势变化以及在实时生产中验证参数的态势变化,并根据各工艺参数的相关性权重进行排序,以此来确认零部件与各工艺参数特征关联性。

在功能设计开发的实践过程中,我们选取 ZJ116 机型的卷接机部件(如前道平整盘装置)为例,说明通过大数据分析来确定该易磨损部件与工艺参数指标的相关性,步骤如下。

(1)获取当前机台的所有工艺参数,包括在前道平整盘部件换件前后和前道平整盘部件出现维修状态前后的各个时间段内的历史和实时数据。通过数据清洗规则,进行数据清洗,获取稳态的有效数据,用于对参数表征状态等相关分析。

(2)将影响前道平整盘部件的初步工艺参数与做了大数据分析后的工艺参数进行对比,根据每个工艺参数的权重不同进行优化和调整,了解每个工艺参数之间的相关关系等。

引起前道平整盘部件异常的工艺参数的相关性分析图如图 11.27 所示。

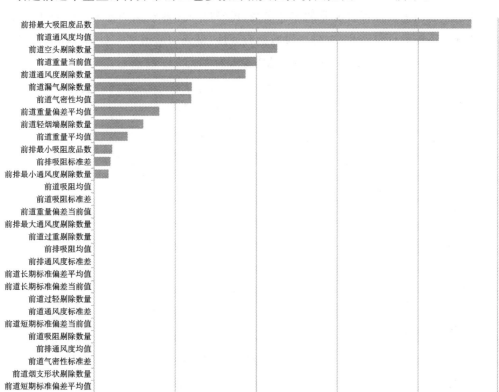

图 11.27　引起前道平整盘部件异常的各工艺参数的相关性分析图

（3）在做前道平整盘部件异常的工艺参数的数据分析时，还需要对历史实时的工艺参数做波动趋势分析和参数表征状态分析。如果参数趋势异常则会触发异常提示，以确认各个工艺参数的状态是否是前道平整盘部件异常的影响工艺参数。其关键工艺参数波动趋势分析图如图 11.28 所示。

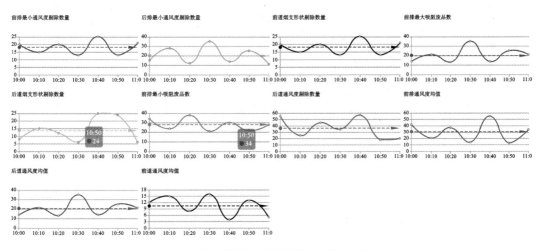

图 11.28　关键工艺参数波动趋势分析图

(4)通过上述步骤后,我们得到了对前道平整盘部件有重要影响的前 30 个初步指标。初步确认引起前道平整盘部件异常的工艺参数,再经过与设备专家的人工经验的评审确认,在实际情况下不断验证与调优,以确保参数的有效性,得到与前道平整盘部件相关的工艺参数指标。ZJ116 前道平整器部件相关的工艺参数指标如图 11.29 所示。

TAG点	TAG名称	TAG点描述	TAG点地址	平整器装置	取数方式
11040100050	机台号ID			√	
11040100060	机台号	数采机台代码	JB_JYJ_F05_ProdMacNO	√	
11040205153	生产日期	当班日期	JB_JYJ_F05_ProdDate	√	
11040205163	生产时间			√	
11040100100	设备额定生产能力			√	
11040205261	机器运行速度	当前车速(单位:支/分)	JB_JYJ_F05_ProdRunSpeed	√	
11040205053	牌号编码			√	
11040309021	实时产量	当牌MAX出口烟支数(单位:支)	JB_JYJ_F05_ProdMaxAusgang	√	单位时间内的统计量(做减法)
11044060821	当牌_前道空头剔除数量	当牌烟支空头数量前轨	JB_JYJ_F05_RejectLooseEndsFr	√	单位时间内的统计量(做减法)
11044061061	当牌_后道空头剔除数量	当牌烟支空头数量后轨	JB_JYJ_F05_RejectLooseEndsRe	√	单位时间内的统计量(做减法)
11040310901	前道过轻当前剔除率	过轻剔除率前轨当前值	JB_JYJ_F05_LightWeightCurFr	√	
11040310951	后道过轻当前剔除率	过轻剔除率后轨当前值	JB_JYJ_F05_LightWeightCurRe	√	
11040309721	前道最小吸阻当前剔除率	吸阻太小故障频率前轨	JB_JYJ_F05_pressuredropMINFr	√	
11040532171	前道最小吸阻废品数	当牌吸阻太小后轨剔除(支)	JB_JYJ_F05_RTPSDPMinStckHi	√	单位时间内的统计量(做减法)
11040309731	前道最小通风度当前剔除率	总通风度太小故障频率前轨	JB_JYJ_F05_VentilationMINFr	√	
11040532181	前道最小通风度剔除数量	当牌通风度太小前轨剔除(支)	JB_JYJ_F05_RTVentMinStckVo	√	单位时间内的统计量(做减法)
11040532201	前道漏气剔除数量	当班烟支漏气数量前轨	JB_JYJ_F05_B-RejAirnessNowFr	√	单位时间内的统计量(做减法)
11040310031	后道最小吸阻当前剔除率	吸阻太小故障频率后轨	JB_JYJ_F05_pressuredropMINRe	√	
11040532721	后道最小吸阻废品数	当牌吸阻太小后轨剔除(支)	JB_JYJ_F05_RTPSDPMinStckHi	√	单位时间内的统计量(做减法)
11040310041	后道最小通风度当前剔除率	总通风度太小故障频率后轨	JB_JYJ_F05_VentilationMINRe	√	
11044061011	当牌_后道最小通风度剔除数量	当牌通风度太小后轨剔除(支)	JB_JYJ_F05_RTVentMinStckHi	√	单位时间内的统计量(做减法)
11040310151	后道轻烟端平均剔除率	当班轻烟端平均剔除率后轨	JB_JYJ_F05_B-LightRodPctRe	√	
11044061091	当牌_后道轻烟端剔除数量	当班轻烟端数量后轨	JB_JYJ_F05_B-RejLightRodRe	√	单位时间内的统计量(做减法)
11040310161	后道过轻平均剔除率	当班过轻平均剔除率后轨	JB_JYJ_F05_B-LightWeightPctRe	√	
11044061101	当牌_后道过轻剔除数量	当班过轻数量后轨	JB_JYJ_F05_B-RejLightWeightRe	√	单位时间内的统计量(做减法)
11040310511	前道重量平均值	烟支重量前轨平均值	JB_JYJ_F05_WTCigWeightFrAvg	√	实时
11040310521	前道重量当前值	烟支重量前轨当前值	JB_JYJ_F05_WTCigWeightFrCur	√	实时
11040310791	后道重量平均值	烟支重量后轨平均值	JB_JYJ_F05_WTCigWeightReAvg	√	实时
11040310801	后道重量当前值	烟支重量后轨当前值	JB_JYJ_F05_WTCigWeightReCur	√	实时
11040310341	前道压实端位置当前值	压实端位置前轨当前值	JB_JYJ_F05_WTDensedEndPosFrNow	√	实时
11040310641	后道压实端位置当前值	压实端位置后轨当前值	JB_JYJ_F05_WTDensedEndPosReNow	√	实时

图 11.29 ZJ116 前道平整器部件相关的工艺参数指标

(5)通过同样的方式,我们选取 ZJ116 机型的 5 号卷接机的前道平整盘装置、后道平整盘装置、前道吸丝带、后道吸丝带和 VE 负压等 40 个重要部件及其对应的工艺参数指标。ZJ116 机型重要部件及其对应的工艺参数指标示例如图 11.30 所示。

ZJ116部件	前道平整盘装置	后道平整盘装置	前道吸丝带	后道吸丝带	VE负压
TAG点	前排吸阻均值 前排吸阻标准差 前排通风度均值 前排通风度标准差 前道吸阻均值 前道吸阻标准差 前道气密性均值 前道气密性标准差 前道短期标准偏差平均值 前道短期标准偏差当前值 前道通风度均值 前道通风度标准差 前道重量偏差平均值 前道重量偏差当前值 前道重量平均值 前道重量当前值 前道长期标准偏差平均值 前道长期标准偏差当前值 前道吸阻剔除数量 前道漏气剔除数量 前道空头剔除数量 前道轻烟端剔除数量 前道过轻剔除数量 前道过重剔除数量 前道通风度剔除数量 …	后排吸阻均值 后排吸阻标准差 后排通风度均值 后排通风度标准差 后道吸阻均值 后道吸阻标准差 后道气密性标准差 后道短期标准偏差平均值 后道短期标准偏差当前值 后道通风度标准差 后道重量偏差平均值 后道重量偏差当前值 后道重量平均值 后道重量当前值 后道长期标准偏差平均值 后道长期标准偏差当前值 后排最大吸阻废品数 后排最大通风度剔除数量 后排最小吸阻废品数 后排最小通风度剔除数量 后道吸阻剔除数量 后道烟支形状剔除数量 后道空头剔除数量 后道轻烟端剔除数量 后道过轻剔除数量 后道过重剔除数量 后道通风度剔除数量 …	前排吸阻均值 前排吸阻标准差 前排通风度均值 前排通风度标准差 前道吸丝带平均值 前道吸丝带当前值 前道吸阻均值 前道吸阻标准差 前道气密性均值 前道气密性标准差 前道短期标准偏差平均值 前道短期标准偏差当前值 前道通风度均值 前道通风度标准差 前道重量偏差平均值 前道重量偏差当前值 前道重量平均值 前道重量当前值 前道长期标准偏差平均值 前道长期标准偏差当前值 后排吸阻均值 前排最大吸阻废品数 前排最大通风度剔除数量 前排最小吸阻废品数 前排最小通风度剔除数量 前道吸阻剔除数量 前道空头剔除数量 前道轻烟端剔除数量 前道过轻剔除数量 前道过重剔除数量 前道通风度剔除数量 …	后排吸阻均值 后排吸阻标准差 后排气密性标准差 后排通风度均值 后排通风度标准差 后道压实端位置平均值 后道吸丝带平均值 后道吸丝带当前值 后道吸阻均值 后道吸阻标准差 后道气密性标准差 后道短期标准偏差平均值 后道短期标准偏差当前值 后道通风度标准差 后道重量偏差平均值 后道重量偏差当前值 后道重量平均值 后道重量当前值 后道长期标准偏差平均值 后道长期标准偏差当前值 后排最大吸阻废品数 后排最大通风度剔除数量 后排最小吸阻废品数 后排最小通风度剔除数量 后道吸阻剔除数量 后道空头剔除数量 后道轻烟端剔除数量 后道过轻剔除数量 后道过重剔除数量 后道通风度剔除数量 …	前排吸阻均值 前排吸阻标准差 前排通风度均值 前道吸丝带平均值 前道吸丝带当前值 前道吸阻均值 前道吸阻标准差 前道气密性均值 前道气密性标准差 前道短期标准偏差平均值 前道短期标准偏差当前值 前道通风度均值 前道通风度标准差 前道重量偏差平均值 前道重量偏差当前值 前道重量平均值 前道重量当前值 前道长期标准偏差平均值 前道长期标准偏差当前值 …

图 11.30 ZJ116 机型重要部件及其对应的工艺参数指标示例

2. 根据数据清洗规则,获取实时有效数据

根据已选定好的各个部件相关的工艺参数指标,按照确认的数据清洗规则(比如,产量

大于 2 万支，车速大于 2000 支/min 的稳态车速，持续运行时长大于 3min 等，对工艺参数指标的数据进行清洗和预处理，过滤或标注无效数据、异常数据，获取一个时间段的有效数据（实时值或增量值），并将数据保存到时序数据库中。

获取的部件的工艺参数指标的有效实时数据示例如图 11.31 所示。

1	Timestamp	JB_JYJ_F(	JB_JYJ_F(	JB_JYJ_F(	JB_JYJ_F(	JB_JYJ_F(	JB_JYJ_F(	JB_JYJ_F(	JB_JYJ_F(	JB_JYJ_F(	JB_JYJ_F(	JB_JYJ_F(	JB_JYJ_F(	JB_JYJ_F(	JB_JYJ_F(	JB_JYJ_F(	JB_JYJ_F(	JB_JYJ_F(	JB_JYJ_F(	JB_JYJ_F(	JB_JYJ_F(	JB_JYJ_F(	JB_JYJ_F(
2	2020/7/21 8:01	15000	799036	116	4	8.7	0.9	117	5	91	2	18.17195	18.3247	10.2	3	-0.46405	7.169983	674.5371	682.17	2.164663	2.293454	0	193
3	2020/7/21 8:02	15000	809656	116	5	8.8	1.2	118	5	91	2	18.17792	18.92564	10.1	2.3	-0.47528	6.51001	674.5259	681.51	2.167913	2.340173	0	0
4	2020/7/21 8:03	15000	822484	115	6	8.8	1.2	116	5	91	3	18.18222	18.61181	9.900001	2.5	-0.466	3.02002	674.5353	678.02	2.173485	2.474393	0	2
5	2020/7/21 8:04	14940	847919	116	5	8.6	1.2	118	5	91	3	18.18632	18.20083	10.1	2.5	-0.46563	-0.59998	674.5353	674.4	2.187152	2.78192	0	1
6	2020/7/21 8:05	15000	859493	116	5	8.5	1	117	5	91	2	18.18812	18.0553	9.900001	2.7	-0.46426	-1.78998	674.537	673.21	2.193852	2.575756	0	0
7	2020/7/21 8:06	15000	872233	116	5	8.5	1	117	5	91	3	18.18797	18.58046	9.6	2.2	-0.46267	-5.34003	674.5386	669.66	2.201269	2.631506	0	0
8	2020/7/21 8:07	15000	884524	115	5	8.3	1.2	116	5	91	2	18.18975	18.72506	9.3	2.5	-0.46174	0.849976	674.5393	675.85	2.208133	2.613096	0	0
9	2020/7/21 8:16	9030	899347	114	5	8.5	1.1	116	5	92	2	18.19592	17.85785	9.8	2.5	-0.26263	1.199951	674.7378	676.2	2.217029	2.7508	36	5
10	2020/7/21 8:17	14970	922898	114	5	8.7	1.3	116	5	91	2	18.19733	19.26893	10.3	2.8	-0.26776	1.150024	674.7321	676.15	2.217029	2.7508	133	6
11	2020/7/21 8:18	14970	935701	115	5	8.400001	1.2	117	5	91	3	18.1999	19.2863	9.900001	2.7	-0.26619	2.090027	674.7338	677.09	2.217029	2.7508	0	4
12	2020/7/21 8:19	15000	947200	118	5	8.2	1.3	119	5	92	3	18.20327	17.59086	9.2	2.5	-0.26395	7.559998	674.7359	682.56	2.217029	2.7508	0	1
13	2020/7/21 8:20	15000	959232	118	5	8.900001	1.3	119	5	91	3	18.20769	17.8352	10.6	2.7	-0.26205	-1.84003	674.7379	673.16	2.217029	2.7508	0	1
14	2020/7/21 8:21	15000	983684	115	5	8.900001	1.5	117	5	91	2	18.21	17.75872	10.3	2.7	-0.26959	-3.39002	674.7302	671.61	2.217029	2.7508	0	1
15	2020/7/21 8:22	14970	995933	116	5	9.2	1.3	118	6	92	2	18.21188	18.77384	10.8	2.9	-0.27182	2.349976	674.728	677.35	2.217029	2.7508	0	1
16	2020/7/21 8:23	14970	1007974	115	6	8.400001	1.2	117	5	91	2	18.21554	19.15426	10.5	3	-0.2828	1.950012	674.717	676.95	2.217029	2.7508	0	0
17	2020/7/21 8:24	15000	1019781	116	5	8.7	1.2	117	5	91	3	18.22332	18.63789	10.2	2.8	-0.27305	0.01001	674.7269	675.01	2.217029	2.7508	0	1
18	2020/7/21 8:25	14970	1043935	115	5	8.900001	1.7	116	5	91	3	18.2255	18.5046	10.8	2.7	-0.27285	-5.26001	674.7271	669.74	2.194186	1.536357	0	0
19	2020/7/21 8:26	15000	1053799	115	6	8.7	1.3	116	5	91	3	18.23114	18.49982	9.8	2.5	-0.2821	-3.22998	674.7177	671.77	2.183695	1.52274	0	0
20	2020/7/21 8:27	15000	1067983	116	5	8.8	1.4	117	5	91	3	18.23243	18.52703	10.1	3.1	-0.28276	3.169983	674.7172	678.17	2.173963	1.551113	0	0
21	2020/7/21 8:28	14970	1088744	116	5	8.5	1	117	5	91	3	18.23745	18.05614	9.900001	2.8	-0.28309	0.640015	674.7169	675.64	2.157161	1.816917	0	0
22	2020/7/21 8:29	15000	1098698	114	5	8.3	1.2	117	5	91	3	18.24031	18.58834	9.400001	2.2	-0.29267	0.859985	674.7074	675.86	2.149471	1.634251	0	2
23	2020/7/21 8:30	15000	1110948	117	5	8.6	1.2	119	6	92	2	18.2445	18.42128	10	2.8	-0.29522	1.280029	674.7049	676.28	2.143279	1.722277	0	0
24	2020/7/21 8:31	14970	1122827	117	5	8.6	1.1	117	5	90	3	18.24784	18.09394	9.900001	2.6	-0.2888	-2.23999	674.7114	672.76	2.139394	1.871306	0	0
25	2020/7/21 8:32	15000	1148887	115	5	8.6	1.3	117	5	92	3	18.25546	18.99788	9.7	2.2	-0.28534	-11.97	674.7148	663.03	2.134108	1.820413	0	0
26	2020/7/21 8:33	15000	1161067	115	5	8.6	1.2	117	6	91	3	18.25926	18.76815	10.1	2.8	-0.28903	-9.66998	674.7111	665.33	2.134108	2.077788	0	1
27	2020/7/21 8:34	15000	1173439	116	5	8.5	1.3	117	5	91	3	18.25774	17.8306	10.1	3	-0.29948	-4.81	674.7007	670.19	2.13395	2.122563	0	1
28	2020/7/21 8:35	14970	1185346	116	5	8.6	1	118	5	91	4	18.26244	18.7398	10.2	2.5	-0.3094	3.23999	674.6907	678.24	2.133766	2.120322	0	0
29	2020/7/21 8:36	15000	1207557	116	5	8.5	1.1	117	6	91	2	18.26473	18.31368	10	2.6	0.30937	1.039978	674.6908	676.04	2.138764	2.326882	0	2
30	2020/7/21 8:37	14970	1220048	117	6	8.3	1.1	120	6	91	2	18.26752	19.54117	9.5	2.5	-0.30869	1.52002	674.6914	676.52	2.1438	2.526553	0	0
31	2020/7/21 8:38	14940	1230688	118	6	8.6	1.2	120	6	91	3	18.26544	18.89282	9.900001	3	-0.31105	-4.02002	674.689	670.98	2.151353	2.732953	0	0
32	2020/7/21 8:39	15000	1242741	117	5	8.5	1.2	118	6	91	2	18.26845	18.92041	9.6	2.5	-0.31727	4.950012	674.6827	679.95	2.162655	3.044201	0	0
33	2020/7/21 8:40	14970	1266436	116	5	8.6	1.3	118	6	91	2	18.27702	19.15298	9.8	2.4	-0.32342	-1.46997	674.6769	673.53	2.168077	2.336206	0	0
34	2020/7/21 8:41	15000	1279609	115	5	8.3	1.2	116	6	92	3	18.28262	18.53241	9.8	2.8	-0.32334	-2.84998	674.6768	672.15	2.170164	2.339253	0	0
35	2020/7/21 8:43	15000	1284556	115	6	8.3	1.6	117	6	90	3	18.28262	18.2838	10.1	3.3	-0.31994	-2.77002	674.6801	672.23	2.170164	2.339253	0	9
36	2020/7/21 8:44	14970	1308787	115	6	9.1	1.9	115	6	91	3	18.28689	18.38047	10.6	3.3	-0.32022	0.219971	674.6801	675.22	2.170793	2.127276	0	3
37	2020/7/21 8:45	15000	1318999	116	5	8.7	1.2	116	6	90	3	18.28746	18.08306	10.4	3	-0.3165	4.460022	674.684	679.46	2.171652	2.243773	0	0
38	2020/7/21 8:46	15000	1331967	114	5	8.900001	1.6	115	6	91	4	18.29057	19.96581	10.3	2.8	-0.31549	-6.46002	674.6848	668.54	2.172298	2.227235	0	1
39	2020/7/21 8:47	15000	1344809	116	6	8.400001	1.4	116	6	91	3	18.29402	19.03333	10	2.8	-0.31874	2.02002	674.6816	677.02	2.173523	2.278861	0	0
40	2020/7/21 8:48	15000	1369004	115	5	8.400001	1.1	118	6	91	3	18.29354	17.64866	10.3	3.2	-0.31509	-3.65002	674.6849	671.35	2.169751	1.714746	0	1
41	2020/7/21 8:49	15000	1381012	117	6	8.7	1.3	120	6	91	3	18.2949	17.52632	10.1	2.6	-0.31533	2.210022	674.6846	677.21	2.170657	2.251344	0	0
42	2020/7/21 8:50	15000	1392772	116	5	8.3	1.1	118	5	91	3	18.29954	18.13289	9.6	2.6	-0.31361	0.48999	674.6862	675.49	2.171581	2.254688	0	2
43	2020/7/21 8:51	14970	1405128	117	5	8.400001	1.1	119	5	91	3	18.30022	17.88103	10.1	2.4	-0.3154	4.01001	674.6843	679.01	2.172581	2.26363	0	0
44	2020/7/21 8:52	14970	1428530	114	6	8.6	1.1	117	6	91	3	18.29897	16.81855	10.2	3.2	-0.3123	3.169983	674.6876	678.17	2.173093	2.220167	0	0
45	2020/7/21 8:54	6960	1429377	114	6	9.900001	2.6	115	5	88	4	18.29897	16.81855	11.1	4.2	-0.29833	-11.13	674.7016	663.87	2.173269	2.189619	0	5
46	2020/7/21 8:55	15000	1440061	115	5	9	1.8	115	6	90	3	18.29915	17.59407	10.6	3	-0.31124	-4.14002	674.6885	670.86	2.173269	2.189279	0	1
47	2020/7/21 8:56	15000	1463445	114	5	8.5	1.6	115	5	91	3	18.30244	19.59076	9.7	2.5	-0.32328	1.5	674.6768	676.5	2.175215	2.344062	0	2

图 11.31　部件的工艺参数指标实时数据示例

3. 部件异常预警模型的建设

可以通过某个易磨损部件（前道平整盘）确认好的工艺参数指标从实时数据库中获取一个长时间段的有效数据（包括维修换件前的数据、维修换件后的数据），根据当前的有效数据，利用熵值法计算该零部件所对应的所有工艺参数指标的不同的权重值，同时当前的有效数据也是作为前道平整盘部件的有效数据的训练数据样本（内含验证数据集）；针对有效数据，利用 t－SNE 聚类算法进行多维指标降维聚类，聚类可以用于降维和矢量量化，可以将高位特征压缩到两列当中；再根据 SVM 分类算法进行数据离散化分组和打标签（分正常、异常 2 类）；根据 LightGBM 决策树算法训练部件异常预测模型，并且在实际测试中不断对模型参数调优，以获取最佳的部件异常预测模型。以上述同样的方式，可以建立所有的易磨损部件的部件异常预警模型。

4. 预测影响空头的易磨损部件异常概率

根据机台的易磨损部件的各工艺参数指标的实时数据，利用模型预警每一个易磨损部件的正常和异常的准确度，再与每一个部件的多个指标的不同权重进行计算，得到每一个部件的总体异常概率。

5. 完善易磨损部件的指标

如果易磨损部件的预测结果与易磨损部件的实际情况有偏差的话，可以根据实际情况扩大或调整选取部件的工艺参数指标 TAG 点的范围；也可以选择历史上的有异常的有效数据（比如部件换件前的一个班的有效数据），让其加入模型训练数据样本中；根据熵值法筛选对部件有重要影响的多个工艺参数指标，再次形成将要训练新模型的训练数据样本，可重复易磨损部件异常预警模型的建设,通过测试验证,得到较为完善的易磨损部件的异常预警模型。

6. 部件异常预警模型的验证

建立好部件异常预警模型后,从实时数据库中获取历史上换过某部件的一个时间段的机台工艺指标参数数据,对部件异常预警模型进行验证。

部件异常预警模型的验证流程图如图 11.32 所示。

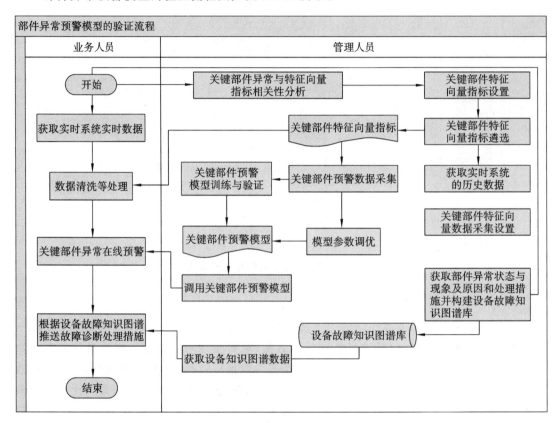

图 11.32　部件异常预警模型的验证流程图

五、设备故障的在线诊断

要做好设备故障的诊断,就需要有专业的设备维修团队和故障诊断维修知识作为技术支持保障。设备故障诊断通过有效地获取、传递、处理和共享诊断信息,以智能化的诊断推理和灵活的诊断策略对监控对象的运行状态及故障做出正确的判断与决策,从而提高诊断维护工作的质量与效率,并为诊断维护知识资源的高效管理提供支持。

先进的设备维护与故障诊断模式的研究及应用将在保证企业生产的安全、有序进行的同时,提高生产设备或装置的可靠性与有效性。作为人工智能技术与传统故障识别方法相结合的诊断维护模式和故障维修辅助一个重要手段,智能故障诊断能够整合诊断维护知识的推理决策功能,通过诊断知识的高效管理和维护流程的动态配置,实现诊断推理结果与故障维修决策的最优化。

智能故障诊断模型的数据来源复杂,不仅包含了设备故障征兆和诊断分析过程中的专家知识,还包括以往设备运行的历史数据、设备试车测试数据以及其他来源的数据。其利用知识图谱技术提供了一种知识应用的基础途径,可应用于设备维护领域的多种类型的知识应用集成。这种集成对于故障诊断推理和维护决策自动化都有极大的帮助。

基于上述分析,提出了面向知识图谱的智能故障诊断(Knowledge Graph — Orient Intelligent Diagnosis,KGOID)模型。KGOID 模型设计涵盖了各种方式采集的状态监测数据、基于概率推理的诊断模型和提供维护资源优化利用的决策支持工具等。KGOID 模型设计策略的核心思想是对关键设备或部件的潜在故障或失效的开始时刻进行准确估计,一旦观察到失效或异常,能够快速而有效地找出故障原因,从而预测设备部件的剩余使用寿命。一旦给出了故障预测,就可以采取进一步的维修措施,如替换失效部件、检修、项修和大修等。从故障隔离的角度来看,KGOID 模型的首要目标是通过有效的故障发现与处理方法,使目标系统的可用性最大化且设备停机时间最少。

面向知识图谱的智能故障诊断模型 KGOID 的框架图如图 11.33 所示。

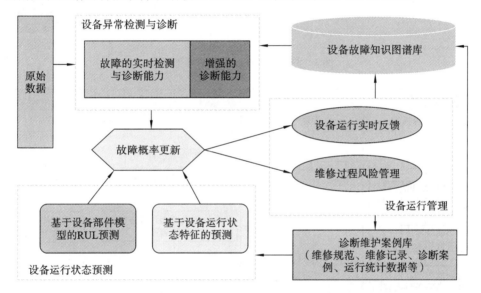

图 11.33 智能故障诊断模型 KGOID 的框架图

从本质上来说,故障维修支持的是一个面向知识图谱的智能诊断辅助系统,为各类诊断维护知识实体提供共享和集成知识资源。首先,在面向知识图谱的智能故障诊断模型中,本体化的知识资源是实现诊断维护知识集成和共享的基础;其次,故障诊断推理服务将自动地推导出符合逻辑与概率关系的诊断结果;再次,该模型将诊断经验与诊断推理结合起来,给出自动化的决策与维修建议;最后,整个诊断维护实施过程中,各类知识资源不断地对自身进行更新。

设备故障在线诊断的应用场景示例如图 11.34 所示。

设备故障在线诊断的流程如图 11.35 所示。

设备故障诊断的关键技术实现如下。

(一)设备故障知识图谱地图

设备故障诊断利用本体论构建通用的故障诊断知识模型,其步骤如下。

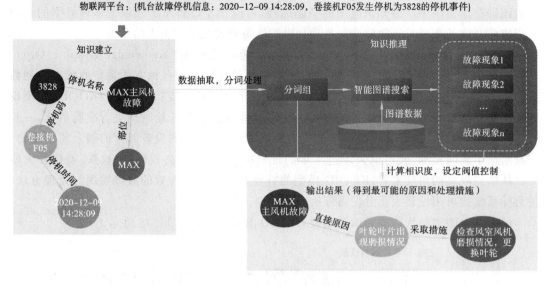

图 11.34 故障在线诊断的场景示例

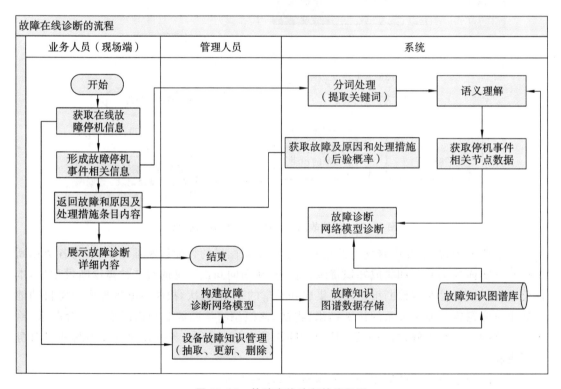

图 11.35 故障在线诊断的流程图

1. 设 备 故 障 实 体 知 识 表 示

知识表示就是研究知识的存储形式,并通过描述约定将知识符号化的过程。在这个过程中应该考虑知识的表示能力、可理解性、可扩充性以及可访问性等方面的要求。出于支持维护决策的考虑,针对设备的维修经验、维修规范和维修制约因素等知识,采用了本体论作为设备故障实体知识建模的工具,并提供了将设备故障实体知识映射为持久性数据存储的方法。

基于本体论的设备故障维修领域知识是一种结构化的知识描述,可以按如下的模式进行表示:设备故障维修领域的概念作为知识表示中的最小元素,其特征可以表述为本体概念的属性;将本体概念层次结构作为领域知识之间的纵向连接,将本体概念之间的关系作为领域知识的横向连接;领域公理作为诊断维护过程的约束。这样就可以将诊断维护领域知识清晰地表示出来。

2.设备故障维修知识建模

设备故障维修知识建模包括3个关键步骤:知识创建、知识映射和知识获取。第一个步骤是知识创建。设备生命周期中会产生各种产品设计文档和诊断维护数据,其表现形式可以是规范的维修技术文件、详细的检修报告、监测系统产生的实时数据和故障诊断分析数据等。在设备故障诊断维护过程中,还需要记录实施过程记录、安装或拆除的部件信息等,这些信息的数据格式和采集方式往往差别很大。为了使上述信息或数据转换为机器可读的形式,我们构建了设备故障维修核心本体,对维护信息中的术语和概念进行数据的一般化处理,提高设备故障维修相关数据的可重用性。第二个步骤是知识映射。知识映射考虑建立一种完备的数据模型来描述所有设备故障维修实体(对象或概念)及其相互关系。设备故障维修数据模型的建立主要是通过分析现有维修流程及其文档,并采取一些手段获取维修人员的主观经验来完成的。第三个步骤是知识获取。知识获取是将信息转换成知识的过程,知识可以看作是正确的时空传递的关联信息,为了传递这些知识,有必要将信息语义化,以便于重用。一旦具备了汇集分散知识源的共享本体,就能采用统一的方式来处理这些语义化的信息源。因此,语义和本体协同完成了在正确的时间传递正确的信息这一任务,从而也产生了知识。

基于本体驱动的设备故障维修知识建模首先考虑的是将诊断维护任务相关信息进行过滤,建立形式化的知识概念模型;然后从多方面扩展本体驱动的维护诊断方法,完成设备运行状态与故障征兆之间的映射,并对故障征兆与故障案例库进行匹配;最后,在有效地获取、使用并存储维护语义知识的基础上,实现可靠完备的维护诊断知识的建模过程。

3.设备故障维修语义知识的关联

设备故障维修知识模型中的领域概念知识并非孤立存在的,概念之间存在复杂的关系。诊断维护模型中的概念及其相互关系(灰色标识的类为核心类)如下:设备包含若干部件,两者之间表现为 isPartOf 关系;诊断维修过程细分为若干处理步骤,主要涉及设备状态、故障征兆以及故障本身之间的相互关系。设备状态的语义描述较为复杂,分解为 CondOfChar、CondOfComp 和 ProcStepCond 等3个子类,分别与特征值、部件类及故障类相关联。设备异常状态下的故障与征兆之间的对应关系由 hasSym 表示(其逆关系为 belongTo)。设备故障维修语义知识的关联示例如图11.36所示。

提供一种设备故障知识图谱模型的可视化地图(包括机型、故障分类、故障现象、异常状态、停机告警、故障原因和处理措施等实体对象及各个实体的相关关系),实现故障知识地图缩放、显隐故障知识对象和故障知识地图漫游移动等。设备故障知识图谱地图的界面如图11.37所示。

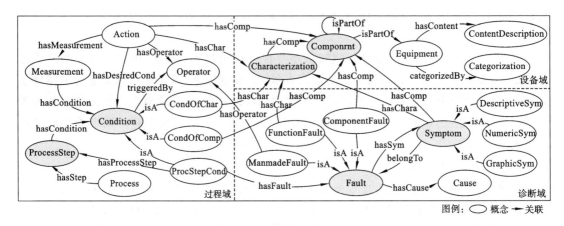

图 11.36　设备故障维修语义知识关联示例

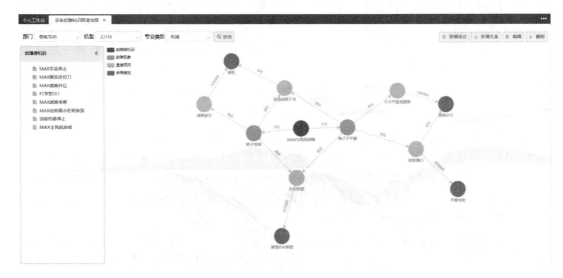

图 11.37　设备故障知识图谱地图的界面

(二)设备故障诊断模型的构建

生产设备的运行是一个动态的、时变的、非线性的过程。故障的表现形式具有不确定性,无法使用物理建模对其运行特性进行准确描述,需要在理论层面提出新型的故障检测诊断算法。系统基于贝叶斯网络算法,通过构建精炼高效的贝叶斯诊断网络,以及提出基于该贝叶斯网络的故障检测诊断流程,实现高效快速地对生产设备进行故障检测诊断。系统基于贝叶斯网络的生产设备的故障诊断方法包括以下几个基本操作步骤。

(1)构建用于生产设备故障诊断的贝叶斯诊断网络,该诊断网络由故障停机事件、故障现象、异常状态、故障原因、处理措施和停机事件的附加运维信息等节点组成,各个节点之间根据生产设备故障的机理和特性通过有向边建立联系,形成拓扑结构。其中,每个故障节点表示生产设备的一个潜在可能故障,每个异常状态节点表示生产设备发生故障的一个异常征兆,每个故障原因节点表示生产设备的产生故障的一种可能的原因、每个措施节点表示生产设备的可能的维修处理措施、每个事件节点表示当前生产设备的停机实时状态信息。

（2）对贝叶斯诊断网络中各个节点设置先验概率和节点间关系的条件概率，当系统有足够的历史数据作为支撑时，可以使用熵值法来客观评价先验概率，可以利用Apriori算法来计算条件概率，也可以根据专家经验进行调整。

（3）当存在异常状态时，将收集待诊断的故障设备的异常状态信息输入贝叶斯网络。

（4）更新各故障节点的后验概率。后验概率是将先验概率和条件概率代入贝叶斯公式计算得到，最后找到后验概率最大的2个故障P1st和P2nd。

（5）判断P1st和P2nd的差值是否超过阈值（如30%）。若超过，则将P1st对应的故障输出作为该异常状态所对应故障；若未超过，则基于成本效益原则测量获取其他用于辅助判断的故障原因或异常状态信息，并将其重新输入贝叶斯网络后，返回步骤（4）。

（6）基于成本效益原则测量获取其他用于辅助判断的故障原因或异常状态信息的具体方法：与故障P1st相关的异常状态和故障原因信息的集合为E1st，与故障P2nd相关的异常状态和故障原因信息的集合为E2nd，U＝E1st∪E2nd，T＝E1st∩E2nd；U中子集T的补集为CUT，对补集CUT中所有异常状态和故障原因信息获取的难易程度进行排序；现场测量最容易获得的异常状态或故障原因信息及故障停机事件信息，用于辅助判断生产设备故障。

（7）根据已确定的故障信息，利用贝叶斯诊断网络，推理出一个或多个故障原因的后验概率，得到当前最可能的故障的有可能的一个或多个故障原因。同理，可自动推理出对当前最可能的故障原因可能采取的一个或多个处理措施，最终完成故障诊断方案结论。

关于先验概率的算法说明，利用熵值法来客观评价先验概率。

熵值法是一种客观赋权方法。日常工作中经常需要确定各个指标的权重。利用熵值法确定权重属于客观赋权法。从数据出发，避免过强的主观性，相对主观赋权具有较高的可信度和精确度。熵值法的核心步骤如下。

（1）假设数据有n行记录、m个变量，数据可以用一个$n×m$的矩阵$\boldsymbol{A}$来表示（n行m列，即n行记录数，m个特征列）。

（2）数据的归一化处理：x_{ij}表示矩阵$\boldsymbol{A}$的第i行j列元素。

（3）计算第j项指标下第i个记录所占比重。

（4）计算第j项指标的熵值。

（5）确定各指标的权重。

关于条件概率的算法说明，利用Apriori算法来计算条件概率。

Apriori算法是一种关联规则的算法，是用来挖掘海量维修案例中潜在的隐性规律的。其核心步骤如下。

（1）找频繁项集：所有元素中共同出现概率较大的元素集合（利用概率，找出出现得很频繁的一组数据，以集合形式呈现）。

（2）从频繁项集中找出关联规则，从频繁项集中找出规则$X→Y$，X和Y可能为单个元素，也可能为多个元素。（X出现的条件下，Y出现的可能性很大，找出这样若干组X、Y，计算出条件概率）

采用NLP自然语言技术，对设备维修案例数据进行分析，找出与停机故障相关的各个节点实体与节点关系。通过专家经验或技术分析，设置节点实体的先验概率和实体间的关系的条件概率，形成完善的设备故障诊断网络知识图谱，再采用设备知识图谱技术和贝叶斯算法对故障诊断的推理分析。

设备故障诊断模型构建的实现界面如图11.38所示。

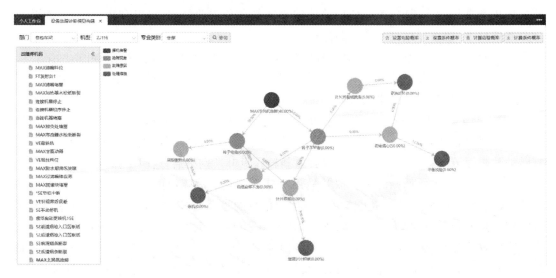

图11.38　设备故障诊断模型构建的实现界面

(三)设备故障停机的在线监测

以卷接机为例,从实时数据库中采集到的设备停机码的示例如表11.6所示。

表11.6　设备停机码示例

序　号	停机码	停机名称
1	11003001	VE/SE传动系统参数设定
2	11013002	VE/SE SAS 1通信
3	11023003	VE/SE SAS 2通信
4	11033004	SE烟枪驱动器滞后误差
5	11043005	VE修正器滞后误差
6	11053006	VE陡角输送机滞后误差
7	11063007	VE针辊滞后误差
8	11083008	SE上部盘纸滞后误差
9	11093009	SE下部盘纸滞后误差
10	110a 3010	VE轴7 S AS1滞后误差
11	110b 3011	SE刀架滞后误差
12	110c 3012	SE纵向驱动装置滞后误差
13	110d 3013	SE左侧牵引辊滞后误差
14	110e 3014	SE胶水驱动器滞后误差
15	110f 3015	SE左侧压力辊滞后误差
16	1110 3016	SE右侧压力辊滞后误差

续表

序　号	停　机　码	停　机　名　称
17	1111 3017	SE 圆盘式上胶滞后误差
18	1112 3018	SE 轴 7 SAS 2 滞后误差
19	1113 3019	＊VE/SE SAS 1 变频器故障
20	1114 3020	＊VE/SE SAS 2 变频器故障
21	1107 3021	＊VE/SE 安全回路
22	1115 3022	＊VE/SE 安全回路 SAS
23	1116 3023	VE/SE 冷却循环 1 的温度

　　在故障维修诊断开始前,先将常见故障模式及故障征兆进行知识规范化,结合已有的故障诊断经验建立故障案例本体知识库;然后进行任务过程步骤分解,实现状态－征兆映射算法和故障－征兆匹配算法;最后将停机状态监测数据与故障案例分别导入设备故障诊断语义模型,自动推理得出诊断结果。状态特征值以设备故障知识语义本体实例的形式给出。例如,5 号卷接机的故障停机码为 3828,故障停机名称为 MAX 主风机故障,根据设备运行参数和设备故障知识经验,可以事先对设备故障停机码进行维护,并以停机状态实例的形式输入设备故障本体语义模型。当设备发出的故障停机码为 3828 时,认为设备出现了 MAX 主风机故障,该状态就被认定为故障征兆,状态－征兆映射算法根据映射规则得出映射结果和映射过程的置信度。识别出故障征兆之后,根据故障－征兆匹配算法,对已确定的故障征兆进行故障诊断推理。根据征兆与故障之间的从属关系进行匹配,最终获得故障本体实例与征兆本体实例的匹配结果。例如,设备出现了 MAX 主风机故障的可能原因是,叶轮叶片出现磨损情况,需要采取的处理措施是检查风室风机磨损情况,更换叶轮。

　　利用类似的方法,可以获得其余待匹配故障征兆的可能故障原因和处理措施。最后,对匹配结果进行概率分析,从而获得最终的故障诊断结论。根据故障诊断经验和历史数据,可以总结出某种故障类型中所有故障征兆出现的先验概率 P,然后再找出所有与具体故障匹配的征兆,计算出最有可能出现的故障类型。

　　基于图数据库能够清晰地表示出数据模型的优点,经过对故障描述内容的拆分和标注,表示出与停机码一一对应的故障现象。故障现象之间的并发或间接导致的关联关系,一个故障原因会间接或直接导致哪些故障现象的发生以及设备的某个部位会出现的故障现象,构成了知识图谱。使用基于图或规则的推理模型实现设备故障知识的推理。在设备故障诊断过程中,通过分析故障停机码、影响的部位、出现的故障现象表现等各种与故障相关的信息;结合设备知识图谱,分析出导致这些现象出现的最可能的故障原因和采取的处理措施,按频率最高或最新出现方式排序之后展示给用户做维修决策。

　　通过采集设备的实时停机状态数据,得到当前设备运行的异常状态。当出现故障停机时,及时发出报警。基于设备知识图谱库和设备故障诊断网络模型,后台服务将停机的故障原因、一个或多个可能的故障原因和采取的处理措施及故障相关运维信息推荐给业务人员。根据设备资源管理要求,将产生设备报修信息给现场操作人员。

　　设备故障在线诊断分析的界面如图 11.39 所示。

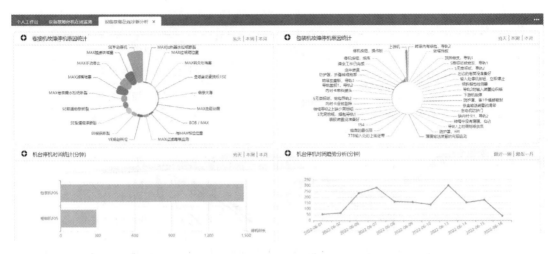

图 11.39 设备故障在线诊断分析的界面

六、设备维保辅助决策

随着生产技术水平的进步,企业所拥有的设备的种类越来越多,技术性也越来越强,设备的运维与保养工作的安排也变得越来越复杂。该部分的工作质量影响设备的运行效率以及故障停机率等指标。因此,一套全面科学的设备维保辅助决策系统有助于提高运维工作质量和设备生产效率。

设备维保辅助决策是指通过数据收集整理建立合适的维保决策树模型,再结合每个决策项的重要程度的排序,最终得到较优的维保措施。该维保决策数据主要来源于设备日常故障维修辅助中输出的故障信息和处理措施。这些数据主要包含异常故障项或处理措施、零件异常预警项及处理措施、现场报修呼叫内容及设备可靠性评价中输出的评价信息等。再根据这些数据来源项的特征变量值及维保措施分类数据,选择合适的维保决策树算法模型,从而构建出设备运维辅助决策模型。

设备维保辅助决策管理的实现思路如图 11.40 所示。

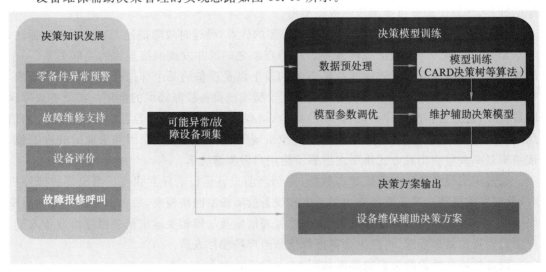

图 11.40 设备维保辅助决策管理的实现思路

设备维保辅助决策管理业务流程图如图11.41所示。

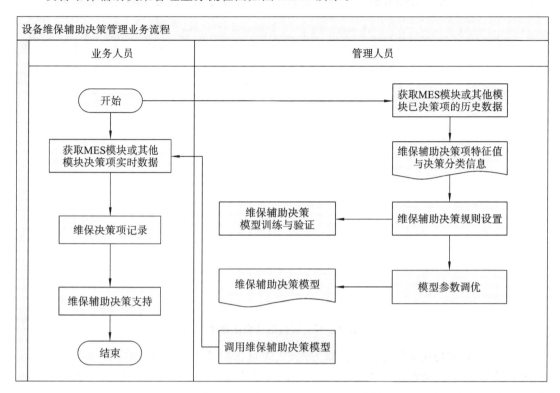

图11.41　设备维保辅助决策管理业务流程图

通过设备维保辅助决策管理,与设备运维管理中的维护功能模块进行接口,实现每日问题任务包推送与维保决策闭环流程。该决策管理与设备运维管理中的维修报修功能模块进行接口,实现快速定位、快速记录及维保决策等功能;与设备运维管理中的轮保管理功能模块进行接口,实现轮保辅助决策及轮保计划的制订等。

1. 设备维保决策指标设置

明确轮保决策指标,如设备ABC类、设备评价等级、故障级别、故障频率、故障停机时长、可自主维修性、状态可检测性以及对生产、质量、性能、安全的影响性等。维保决策指标管理的界面如图11.42所示。

2. 设备维保决策数据记录

将收集到的设备可靠性评价中输出的评价等级、故障维修辅助中输出的异常故障项处理措施、零件异常预警项及处理措施和现场报修呼叫内容等作为决策数据。

按照设备运维要求,当系统对设备发生的问题无法立即做出决策时,该问题都必须进入轮保决策问题库中,交由轮保决策模型给出决策辅助支持。

3. 设备维保辅助决策模型

维保辅助决策模型的实质是,通过统计分析找到同类型的维保活动,以确定最便捷的维保方案。决策开始时首先将从各渠道收集到的决策项信息录入知识图谱并进行检索比对;然后经过数据处理模块,调用有关的规则进行维修方式决策。对设备故障行为进行建模分析,从而建立最优维修方案。系统根据知识图谱中的诊断结论和维修建议结合设备的故障

图 11.42 维保决策指标管理

特点,利用决策树理论选取适当的维修方式,实现自诊断功能,智能化确定需要决策的问题项属于设备原因、人为原因和原辅材料原因等,并形成维保方案。将知识图谱检索无法识别的信息以及系统采集的数据交由设备专家组,让其进行专门分析。专家决策人员根据状态监测结果或历史维修记录提出解决措施建议,最后再进入知识图谱的数据处理模块,可以不断完善维保辅助决策模型功能。

决策项的特征变量可包括但不限于如下内容。

(1)设备 ABC 类:A 类设备、B 类设备、C 类设备。

(2)设备评价等级:1 优,2 良,3 劣。

(3)故障级别:1 一般,2 紧急,3 频发。

(4)影响生产:1 影响,0 不影响。

(5)影响质量:1 影响,0 不影响。

(6)影响性能:1 影响,0 不影响。

(7)影响安全:1 影响,0 不影响。

(8)状态可检测:1 是,0 否。

(9)故障频率:1~4 次、5~9 次、10 次以上。

(10)故障停机时长:10 min 以内、11~30 min、31~120 min、120 min 以上。

(11)可自主维修:1 内部维修,2 委外维修。

维保措施分类包括但不限于如下内容。

(1)设备点检。

(2)设备润滑。

(3)日常保养。

(4)抢修。

(5)计划轮保。

(6)停产检修。

(7)项修。

(8)大中修。

(9)技改。

(10)委外维修。

(11)不坏不修。

决策树就是一个类似于流程图的树状结构。一个内部节点代表了一个特征变量(如设备 ABC 类、设备评价等级、故障级别、影响生产、影响质量、影响性能、影响安全、状态可检测、故障频率、停机时长和可自主维修等);一个个叶节点代表了一个最终的维保措施分类结果;决策树最上面的节点是根节点;决策树所做的就是根据每个节点的特征判断,进行分裂。这个分裂就能够帮业务做出决策。

决策树的逻辑判断图如图 11.43 所示。

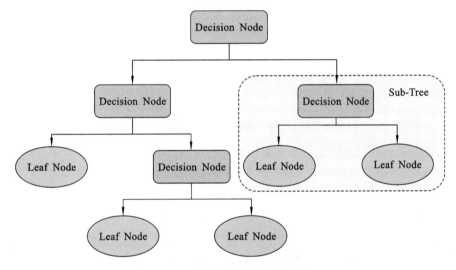

图 11.43 决策树逻辑判断图

决策树有一些基本算法,如自上而下分而治之的方法。在算法运行开始时,所有的数据都在根节点,所有记录所选择属性递归地进行分割属性的选择是基于一个启发式规则或者一个统计的度量。当一个节点上的数据都是属于同一个类别和没有属性可以再用于对数据进行分割时,就停止分割。因此有一些参数设置对于决策树的应用来说是非常重要的。在实践研究中,设置了算法在调用功能选择之前可以处理的输入属性数和算法在调用功能选择之前可以处理的输出属性数。在决策树中生成拆分所需要的叶事例的最少数量。控制决策树的增长参数,该值较低时,会增加拆分数;该值较高时,会减少拆分数。

决策树的算法流程图如图 11.44 所示。

决策树的优点如下。

(1)决策树的构造不需要任何领域知识,就是简单的 IF…THEN…思想。

(2)决策树能够很好地处理高维数据,并且能够筛选出重要的变量。

(3)由决策树产生的结果是易于理解和掌握的。

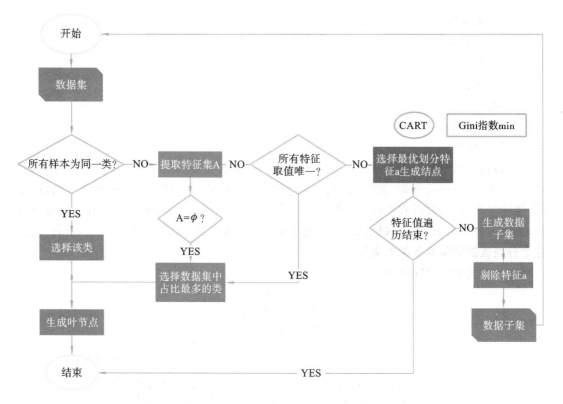

图 11.44 决策树的算法流程图

(4)决策树在运算过程中也是非常迅速的。

(5)一般而言,决策树还具有比较理想的预测准确率。

4. 设备维保辅助决策支持

在日常运维过程中,收集有待处理的维保任务项,采用轮保辅助决策树模型,得到维保任务项的最终处理结果。决策树模型获得的结果充分考虑了设备的特点、设备问题项目的特点以及管理需求等主观因素,决策结果更加符合业务的实际需求。

根据设备可靠性评价中输出的评价等级、故障维修辅助中输出的异常故障项或处理措施、零件异常预警项及处理措施、现场报修呼叫内容等收集到的特征变量值输入决策规则。利用已建立的轮保辅助决策树模型,按照决策项的特征变量的重要程度对其进行排序,优先选择靠前的设备问题项进行维保决策,得到最终维保措施分类。结合车间设备资源,给出每周的设备轮保计划建议和合理的维保任务处理的措施建议。设备管理人员可以根据图谱系统给出的维修建议选择轮保需要执行的任务。维保决策模型管理界面如图 11.45 所示。

图 11.45 维保决策模型管理界面

基于知识图谱库生成的轮保决策方案建立专门的信息发布系统，其内容包括问题项、来源类型、维保措施类、维保建议、计划维保人员及维保处理状态，并且及时更新信息。维保组负责人可每天依次进行派工或计划工作安排。维保决策及支持界面如图 11.46 所示。

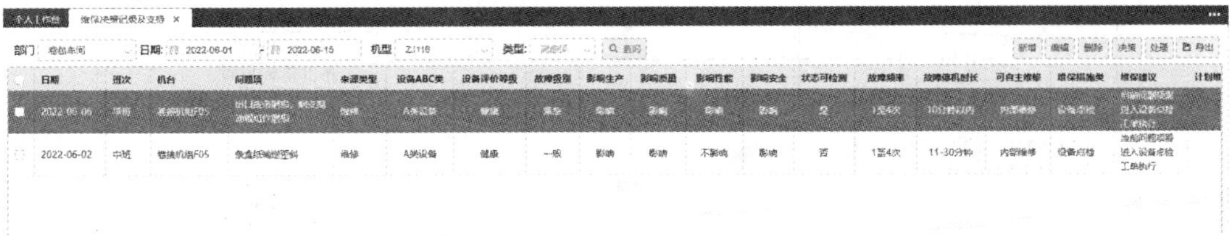

图 11.46　维保决策及支持界面

七、部件的可靠性评价

设备部件可靠性是指系统、机械设备或零部件在规定的工作条件下和规定的时间内完成和维持规定功能的能力。一台设备无论如何先进、功能如何全面、精度如何高级，如果故障频繁、可靠程度差，那么它的使用价值就不高，经济效果也不佳。从设计规划、制造安装、使用维护、更新改造到报废，设备可靠性始终是系统和设备部件的灵魂，可靠性是评定设备部件好坏的重要指标。它体现了设备的耐用性和可靠程度。

设备部件的可靠性只是一个定性的概念。在研究可靠性问题时，还需要有定量的指标对可靠性进行描述。一个设备关键部件的可靠性不能只停留在好或不好、可靠或不可靠这样笼统的评价上，而要给出具体定量的可靠性指标与数据。

因此，结合设备运维实践，在试点机型选定多个易磨损的关键性的部件，提出基于部件异常状态、点检数据、工艺指标、维保换件和质检数据等 5 个维度的较为科学实用的部件可靠性评价体系。以 ZJ116 卷接机型的前道平整盘装置为例，部件可靠性评价指标体系设计如图 11.47 所示。

	大类	小类	指标	来源	计量单位	技术标准	指标定义/公式	检测工具	评价周期(班/周/月)	目标值	权重%	打分依据
平整器	部件异常状态监测	采集Tags点	部件预警次数	数采	次	部件异常预警次数			班	0	80	根据测点数量定义，开发人员先测试
	点检数据	标准项目	平整器圆盘磨损	点检	mm	平整盘的直径较原始尺寸磨损＞1 mm（原始尺寸＝112.7mm 烟支长度为59mm）	平整盘的直径	游标卡尺	班	1	10	“0或者1”的打分规则
		标准项目	平整器两圆盘间隙	点检	mm	两平整盘间距A=0.1 mm	两平整盘间距	塞尺	班	0.1	5	“0或者1”的打分规则
		标准项目	平整器传动装置间隙	点检	mm		传动齿轮间隙		两周		5	“0或者1”的打分规则
		标准项目	平整器传动装置异声	点检	分	无异声（人工评价，高：3；中：2，低：1，无：0）		耳听、手摸	两周	3	3	人工评价：高：-3；中：-2，低：-1，无：-0
		标准项目	平整器圆盘和刷丝轮之间的间隙	点检	mm	0.3mm		塞尺	两周	0.3	3	“0或者1”的打分规则
		标准项目	平整器圆盘和刮刀之间的间隙	点检	mm	0.1mm		塞尺	两周	0.1	3	“0或者1”的打分规则
		标准项目	平整器圆盘与吸风室导轨之间的间隙	点检	mm	夹板和平整器圆盘之间隙有0.5mm~0.7mm	平整盘必须与夹板平行	塞尺	两周	0.7	5	每超0.1扣1分，扣完为止
	工艺指标	重量	烟支重量标偏	数采	mg	各牌号设计值±允差值±5mg			班	5	10	数采：计算标偏，0：10分；...
		空头	空头率	数采	%	门槛值55~75%，灵敏度6~7.5	<0.5%		班	0.5	10	数采：0.5%~1%对应10-0分
		压实端	端头压实位置偏差	数采	mm	±3mm	切割位置中心为0		班	3	10	数采：±3-±5对应10-0分
	维保换件	故障维修	设备故障发生次数	管	次	维修记录	平整盘部件维修次数		月	0	5	每发生1次扣1分
			质量维修次数	管	次	维修记录	平整盘部件质量维修次数		月	0	5	每发生1次扣1分
	质检数据	产品质量类	空头支数	质检数据	支	过程加成品检验	端面空陷深度≥5mm且空陷面积≥2/3，端面或烟丝全部下限≥3mm（B类）；端面空陷深度≥1mm且<5mm，且空陷面积≥2/3，不包含烟丝全部下限≥3mm	质检	班	0	5	一支1分扣完为止
			竹节烟支数	质检数据	支	过程加成品检验	手摸烟支感觉有明显的松紧节（D类）	质检	班	0	6	一支2分扣完为止
		物理检验类	吸阻超标次数	MES	次	过程加成品检验	各牌号设计值±超限值＞50%（C类），各牌号设计值±超限值≤50%（D类）	物检	班	0	6	超标一次扣2分
			重量超标次数	MES	次	过程加成品检验	检测值超过上下限且超限值＞允差的50%(C类)；检测值超过上下限且超限	物检	班	0	6	超标一次扣2分
			压实量超标次数	MES	次	过程加成品检验		物检	班	0	6	超标一次扣2分
			端头压实位置超标次数	MES	次	过程加成品检验	检测值的绝对值＞8mm（B类）；检测值的绝对值＞6mm且≤8mm（C类）；检测值的绝对值＞4mm且≤6mm（D类）；	物检	班	0	6	超标一次扣2分

图 11.47　部件可靠性评价指标体系设计

部件可靠性评价业务管理流程图如图 11.48 所示。

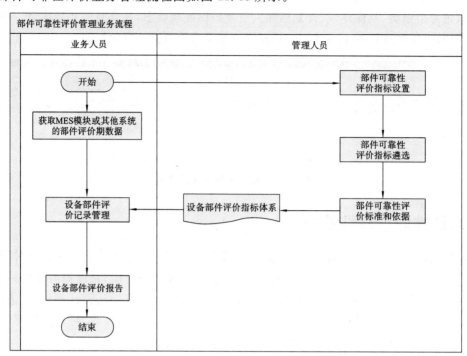

图 11.48　部件可靠性评价管理业务流程图

1. 设备部件评价指标体系

通过分析设备部件在生产过程中的历史实时数据，找出影响部件状态的评价指标，然后根据不同的设备部件对评价指标的各项内容进行设置。评价指标可以设置权重和目标值及评价标准。根据评价标准，评价指标可以设置为扣分模式、加分模式和加分扣分模式。评价设置类型有范围值类型、乘积型、一票否决型、分值枚举型、递加递减型和范围乘积型等。根据评价指标的具体要求进行不同的类型设置。

设备部件评价指标界面如图 11.49 所示。

图 11.49　设备部件评价指标界面

设备部件评价指标细则界面如图 11.50 所示。

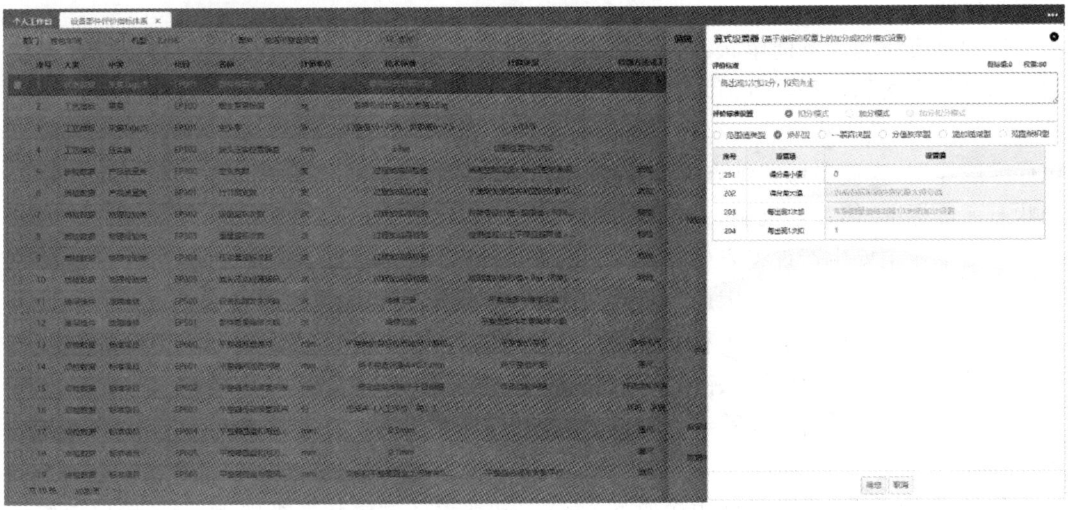

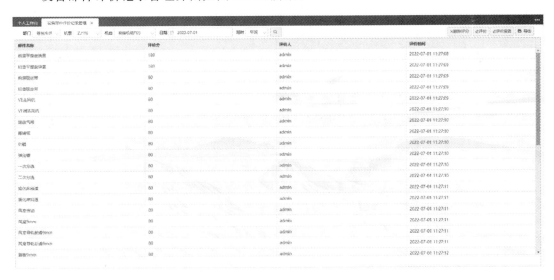

图 11.50　设备部件评价指标细则界面

2．设备部件评价记录管理

业务人员每天每班针对每个机台的每个部件获取设备部件的各项评价指标的实际测量值数据，根据设备部件评价指标体系中的评价标准进行评价打分，然后汇总得到当前设备部件的评价总分。

设备部件评价记录管理界面如图 11.51 所示。

图 11.51　设备部件评价记录管理界面

八、设备健康状态评价

卷烟生产设备的状态对产品质量与辅材消耗至关重要。设备管理作为卷烟生产质量和工艺的基础保障体系,必须从经验管理走向科学管理,逐步实现基于设备健康状态的精益化维护和检修。

对烟草行业的设备健康状态评价体系的设计和应用进行的研究,包括评价指标体系的构建、原理、方法和过程等方面。针对试点机型开展试评价,验证评价思路、评价指标的适用性,进而对设备健康状态进行综合评价。通过设备健康状态评价结果的分析,指导制订设备轮保维修计划,为设备保养维修决策提供量化依据,逐步建立起一套符合工厂特点的设备健康状态评价标准、体系和机制。

卷烟工业主要生产设备发生突发性或过负载的故障的可能性极低,90%以上的故障都和产品质量缺陷密切相关。因此,企业结合自身生产实践,提出基于设备状态、工艺质量、物耗和部件评价4个维度的较为科学实用的卷烟设备健康状态评价体系。以 ZB48 包装机型为例,其设备健康状态评价指标体系设计如表 11.7 所示。

根据卷烟生产设备的运行维护特点,设备健康状态评价结果可分成优秀、合格、不合格 3 个级别。

设备健康状态评价的目标用途如下。第一,按照设备健康状态级别,为设备轮保检修计划的制订和维修决策(停产检修、项修、大修和技术改进)等提供量化的决策依据。第二,依据状态评价报告对维修策略进行优化,对设备技术标准、作业标准体系进行系统的分析、完善和优化,促进设备维修精益化。第三,利用评价过程,开展设备对标活动,引导现场改善和员工成长。第四,以机台(主机)健康状态评价为基础,优化重点工艺参数、功能单元技术标准等,打造标杆机台。

表 11.7　ZB48 包装机台设备健康状态评价指标体系

序号	指标维度	指标名称	单位	权重	目标值	评价频次	计算依据及说明	评价标准	数据来源	备注
1	设备状态	运行效率	%	30	99.6	每班	评价期内的实际产量/理论产量？	达到目标值不扣分，在99.6和80之间按30分平均扣分(30/19.6)，<80扣30分	CPS	设备为停机状态，不评分
2		故障维修次数	次	10	0	每班	评价期内的故障维修类的维修次数	每修一次扣1分，扣完为止	设备维修	
3		质量维修次数	次	10	0	每班	评价期内的质量维修类的维修次数	每修一次扣1分，扣完为止	设备维修	
4		单箱备件维持费用	元	2	60	每班	评价期内的备件维持费用/箱	低于目标值不扣，如果超过目标值则扣完	ERP	
5		剔除总量	包	5	650	每班	评价期内的烟包剔除量	低于目标值不扣，超过目标值则扣完	CPS	
6	工艺质量	盒装加权缺陷率	%	20	9	每班		低于目标值不扣，超过目标值则扣完		反映卷烟机的状态
7		条装加权缺陷至	%	5		每班		低于目标值不扣，超过目标值则扣完		烟支加权缺陷率0.64
8	物耗	万支小盒商标纸消耗	张/万支	5	2504	每班	评价期内的小盒商标纸消耗总量/实际产量	低于目标值不扣分，高于目标值则扣完	MES	
9		万支条盒商标纸消耗	张/万支	3	250.7	每班	评价期内的条盒商标纸消耗总量/实际产量	低于目标值不扣分，高于目标值则扣完	MES	
10	部件评价	铝箔纸输送切割部件评价	分	4	70	每班	评价期内的该部件的评价分	高于目标值不扣分，低于目标值则扣完	部件评价	
11		烟支供料部件评价	分	4	70	每班	评价期内的该部件的评价分	高于目标值不扣分，低于目标值则扣完	部件评价	
12		内纸输送切割部件评价	分	4	70	每班	评价期内的该部件的评价分	高于目标值不扣分，低于目标值则扣完	部件评价	
13		商标纸输送部件评价	分	4	70	每班	评价期内的该部件的评价分	高于目标值不扣分，低于目标值则扣完	部件评价	
14		烟包折叠输送部件评价	分	4	70	每班	评价期内的该部件的评价分	高于目标值不扣分，低于目标值则扣完	部件评价	
15		烟包第一干燥输送部件评价	分	4	70	每班	评价期内的该部件的评价分	高于目标值不扣分，低于目标值则扣完	部件评价	
16		透明纸输送切割装置评价	分	4	70	每班	评价期内的该部件的评价分	高于目标值不扣分，低于目标值则扣完	部件评价	
17		烟包堆垛装置评价	分	4	70	每班	评价期内的该部件的评价分	高于目标值不扣分，低于目标值则扣完	部件评价	
18		条装水平成型部件评价	分	4	70	每班	评价期内的该部件的评价分	高于目标值不扣分，低于目标值则扣完	部件评价	
19		拉线供料装置评价	分	4	70	每班	评价期内的该部件的评价分	高于目标值不扣分，低于目标值则扣完	部件评价	
20		商标纸折叠转塔部件评价	分	4	70	每班	评价期内的该部件的评价分	高于目标值不扣分，低于目标值则扣完	部件评价	
21		烟包传递轮部件评价	分	4	70	每班	评价期内的该部件的评价分	高于目标值不扣分，低于目标值则扣完	部件评价	
22		烟包输送带装置评价	分	4	70	每班	评价期内的该部件的评价分	高于目标值不扣分，低于目标值则扣完	部件评价	

结语 S-RCM 的未来

S-RCM(Smart-Reliability Centered Management)是脱胎于 RCM 管理思想的一种精益管理方法。S-RCM 是指一种以可靠性为中心、以智能化为手段、涵盖设备全寿命周期管理过程、以"两高两低"(提高可靠性、降低故障率,提高运行效率、降低维护成本)为目标的设备精益管理模式。

S-RCM 管理主线由 4 个环节构成。一是前期管理,利用仿真进行设备可靠性设计与建模;二是状态监测,实施全面数采进行状态可靠性监测与分析,依据故障诊断和健康评价进行维修决策;三是科学运维,优化维修策略,减少过度维修,细化成本控制,实现精益运维;四是迭代提升,将他机类比、技术创新常态化,根除设备缺陷和隐患。

S-RCM 通过四个转变(局部向全局转变、预防向预知转变、充分向精准转变、传统向创新转变)的提升策略,逐步构建基于智能化技术的可靠性管理模式。

2018 年,宁波卷烟厂在设备现场会首次提出了以可靠性为核心的数据驱动的设备管理模式,从保证可靠性的角度出发,对设备维护模式进行了数字化升级。S-RCM 的数字化平台构建将融合数字化建模、微服务、大数据、物联网、移动互联等新技术,全面整合宁波卷烟厂的设备数据资源,实现基于状态的精准化维修,为智慧工厂的建设提供有效的技术和管理手段。

参考文献

[1] 中国烟草总公司.中国烟草总公司关于推进卷烟工业企业设备管理精益化工作的指导意见[R].2014.

[2] 国家烟草专卖局.烟草行业固定资产分类与统一代码编制规则[R].2015

[3] 中国设备管理协会.设备管理 定义和术语:GB/T 13306—2011[S].北京:中国标准出版社,2016.

[4] 中国烟草总公司.中国烟草总公司设备管理办法[R].2009.

[5] 刘振亚.企业资产全寿命周期管理[M].北京:中国电力出版社,2015.

[6] 国家市场监督管理总局,国家标准化管理委员会.风险管理 指南:GB/T 24353—2022[S].北京:中国标准出版社,2022.

[7] 中国烟草总公司.烟草行业中长期科技发展规划纲要(2006—2020 年)[R].2006.

[8] 国家烟草专卖局.烟草行业"互联网+"行动计划[R].2017.

[9] 何钟武,肖朝云,姬长法.以可靠性为中心的维修[M].北京:中国宇航出版社.2007.

[10] 国家烟草专卖局.烟草专用机械名录[R].2009.

[11] 中华人民共和国国家质量监督检验检疫总局.特种设备目录[R].2019.

[12] 中国机械工业出版社.ZJ116 和 ZB48 设备精益管理手册[M].北京:中国机械工业出版社,2013.

[13] 国家质量监督检验检疫总局,国家标准化管理委员会.制造工业工程设计信息模型应用标准:GB/T 51362—2019[S].北京:中国标准出版社,2019.

[14] 张鹤.基于 BIM 的数字化交付与数字化工厂技术应用探索[J].中国建筑科学研究院学报,2018(3),290-294.

[15] 全国烟草标准化技术委员会企业分技术委员会.卷烟工业企业 6S 管理规范:YC/T 298—2009[S].北京:中国标准出版社,2009:4.

[16] 中国烟草总公司.中国烟草总公司卷烟工业企业设备管理绩效评价体系[R].2009.

[17] 刘永胜,杨坤.卷烟工业企业设备管理信息系统[J].卷烟技术,2008(4),47-50.

[18] 高国强,陈琪,郝凤莲,等.基于知识图谱的技术平台[J].北京:电子工业出版社,2019(2).